筑境

中国精致建筑100

1 建筑思想

风水与建筑
礼制与建筑
象征与建筑
龙文化与建筑

2 建筑元素

屋顶
门
窗
脊饰
斗栱
台基
中国传统家具
建筑琉璃
江南包袱彩画

3 宫殿建筑

北京故宫
沈阳故宫

4 礼制建筑

北京天坛
泰山岱庙
闾山北镇庙
东山关帝庙
文庙建筑
龙母祖庙
解州关帝庙
广州南海神庙
徽州祠堂

5 宗教建筑

普陀山佛寺
江陵三观
武当山道教宫观
九华山寺庙建筑
天龙山石窟
云冈石窟
青海同仁藏传佛教寺院
承德外八庙
朔州古刹崇福寺
大同华严寺
晋阳佛寺
北岳恒山与悬空寺
晋祠
云南傣族寺院与佛塔
佛塔与塔刹
青海瞿昙寺
千山寺观
藏传佛塔与寺庙建筑装饰
泉州开元寺
广州光孝寺
五台山佛光寺
五台山显通寺

6 古城镇

中国古城
宋城赣州
古城平遥
凤凰古城
古城常熟
古城泉州
越中建筑
蓬莱水城
明代沿海抗倭城堡
赵家堡
周庄
鼓浪屿
浙西南古镇廿八都

筑境

中国精致建筑100

泉州开元寺

方拥 杨昌鸣 撰文/方拥 摄影

中国建筑工业出版社

出版说明

中国是一个地大物博、历史悠久的文明古国。自历史的脚步迈入新世纪大门以来，她越来越成为世人瞩目的焦点，正不断向世人绽放她历史上曾具有的魅力和光辉异彩。当代中国的经济腾飞、古代中国的文化瑰宝，都已成了世人热衷研究和深入了解的课题。

作为国家级科技出版单位——中国建筑工业出版社60年来始终以弘扬和传承中华民族优秀的建筑文化，推动和传播中国建筑技术进步与发展，向世界介绍和展示中国从古至今的建设成就为己任，并用行动践行着“弘扬中华文化，增强中华文化国际影响力”的使命。从20世纪80年代开始，中国建筑工业出版社就非常重视与海内外同仁进行建筑文化交流与合作，并策划、组织编撰、出版了一系列反映我中华传统建筑风貌的学术画册和学术著作，并在海内外产生了重大影响。

“中国精致建筑100”是中国建筑工业出版社与台湾锦绣出版事业股份有限公司策划，由中国建筑工业出版社组织国内百余位专家学者和摄影专家不惮繁杂，对遍布全国有历史意义的、有代表性的传统建筑进行认真考察和潜心研究，并按建筑思想、建筑元素、宫殿建筑、礼制建筑、宗教建筑、古城镇、古村落、民居建筑、陵墓建筑、园林建筑、书院与会馆等建筑专题与类别，历经数年系统科学地梳理、编撰而成。本套图书按专题分册，就其历史背景、建筑风格、建筑特征、建筑文化，结合精美图照和线图撰写。全套100册、文约200万字、图照6000余幅。

这套图书内容精练、文字通俗、图文并茂、设计考究，是适合海内外读者轻松阅读、便于携带的专业与文化并蓄的普及性读物。目的是让更多的热爱中华文化的人，更全面地欣赏和认识中国传统建筑特有的丰姿、独特的设计手法、精湛的建造技艺，及其绝妙的细部处理，并为世界建筑界记录下可资回味的建筑文化遗产，为海内外读者打开一扇建筑知识和艺术的大门。

这套图书将以中、英文两种文版推出，可供广大中外古建筑之研究者、爱好者、旅游者阅读和珍藏。

目录

泉州开元寺

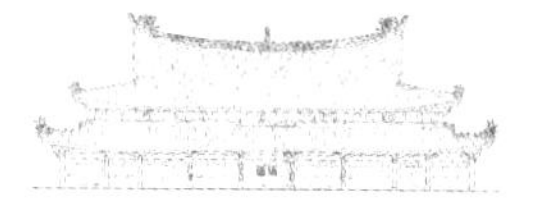

在“佛国”泉州的众多佛寺中，开元寺的建筑规模远远超过其他佛寺，繁荣景象历久不衰。作为福建省内著名的四大佛寺之一，泉州开元寺内保存古代的殿堂楼塔远比另外三大佛寺（福州涌泉寺、莆田广化寺、漳州南山寺）为多，佛教文物也更丰富。

泉州开元寺是宗教活动的场所，更是传统文化的集中地，其佛像法器和块石片瓦，无一不由世俗工匠精心制作，具有高度的艺术价值。开元寺内木、石两种类型建筑的辉煌成就，深受海内外专家的瞩目。1961年5月，它被我国政府公布为第一批省级文物保护单位；1982年2月，被公布为全国重点文物保护单位。

在中国历史上，名为“开元寺”的佛教道场甚多，泉州开元寺之所以在其中最为著名，与闽南地区历史文化的高度发达紧密关联。广义的闽南包含今泉州、厦门、漳州、莆田四个地区，在闽文化中，它与闽东福州和闽北建州鼎足而立，是不可缺少的重要组成。

图0-1 唐经幢

1953年在泉州西门发现，现存开元寺内，幢身铭文有“大唐大中岁次甲戌（854年）”。幢以地产花岗石凿成，高182厘米，八面每宽24厘米。唐幢现存甚少，全国统计不逾10座。与宋幢的纤细繁丽相比，唐幢颇显粗壮简洁。

早在西周时期，泉州就有过灿烂的青铜文化。南安大盈出土的器具造型与中原文物略同，表明两地之间已进行交流；其地方色彩浓厚的装饰纹样，则告诉我们那时越族艺术曾经达到的高度水平。

汉代以前，泉州居民主要是古越人。三国时，这里是孙吴的后方基地，与战乱连绵的中原相比，泉州社会较为安定，加上适宜生息的水土条件，开始吸引北方汉人徙居。

图0-2 古榕树

排列在开元寺中庭两侧。榕树不高，但枝冠宽广，浓荫蔽日，极大改善了石铺庭院的小气候。古榕树龄高达八百年，漫地的气根虬曲盘错，状似水浪，十分壮观。“榕”是福州别称，但在纬度更低的泉州，榕树雄姿更有过之。

图0-3 麒麟壁

原为府城隍庙照壁，1974年移至开元寺内。虽为照壁，但地产建筑材料如白色花岗石、绿色琉璃瓦、红色烟炙砖及彩色陶瓷均有使用，仅木材除外而已。创建于清乾隆六十年（1795年），长近20米，高约5米，比例恰当，色彩和谐，堪称泉州古建筑精品。

很多史料记载着晋末五胡乱华之际的八姓入闽故事，但实物考古告诉我们，北方汉人大规模的南移运动早在此前已经开始。泉州地区遗址尚存的最早古建筑是西晋太康元年（280年）的白云观和太康九年（288年）的建造寺，已经发掘的东晋砖券墓葬更为数众多。墓中花砖的精美质地表明，完善的砖瓦烧制技术已随中原移民传到这里。在闽南古建筑中，优质砖瓦的作用十分显著。一种用松枝烧出红黑条纹的烟炙砖，坚硬美丽，尤具地方色彩。

南朝梁、陈时期，印度高僧拘那罗陀曾来泉州，驻锡建造寺数月，翻译《金刚经》。据《续高僧传》记载，拘那罗陀历游江南后到达福州，为归返西域计，乘小船抵泉州再搭大型海舶。这一史实告诉我们，泉州自古就是福建地区直通南洋的主要港口，从而在经济文化方面，与海外早有密切联系。

自唐代开始，泉州人将花岗石作为建筑材料使用。两宋时期，石结构的高塔、长桥在这一地区大量建造，名扬全国的开元寺双塔和洛阳桥等宏伟古迹，为华夏建筑史写下了独特篇章。在执着于木材的古代中国，泉州人何以能特立独行?优质花岗石的巨大蕴藏量固然重要，但更重要的因素也许是泉州人从文化交流中所获得的开放性胆识和突破性勇气。

在海外交通史上，广州港执中国港口之牛耳的地位于宋、元时期被泉州港所取代。广州与中原之间快捷的大道联系，既有助于海港的发展，又使城市难以规避朝廷的多方面制约。逗留广州的外商原本就感到不甚自由，唐末黄巢的滥杀，更使他们避之唯恐不及。比较起来，泉州为外商的经营和生息提供了充分的便利，而经过闽国历时较久的安定开拓，沿海的经济基础已经奠定。南宋朝廷移至杭州，泉州成为主要的供应基地。为了物资的需要，政府放宽对外商的控制。穆斯林的势力日益扩大，直至完全控制了泉州。当南宋皇帝受元军追逼逃到这里寻求避难时，竟被怀有二心的守将闭门不纳。

元代，泉州获得朝廷的种种优待，更由于蒙古军队打破了东西世界之间的藩篱，海上交通空前繁荣。泉州特别受到西方人的赞赏，在他们眼中，这里是东方世界的第一大港。

古越文化的积淀，汉族的开发，西域的交融，构成了泉州传统文化的三大源流。这是一种大器晚成的文化，当中国大部分地区于明清两代陷入停滞之时，此地生机盎然。开元寺内保存完好的历代建筑就是闽南文化的灿烂结晶，是地方传统的集中体现。

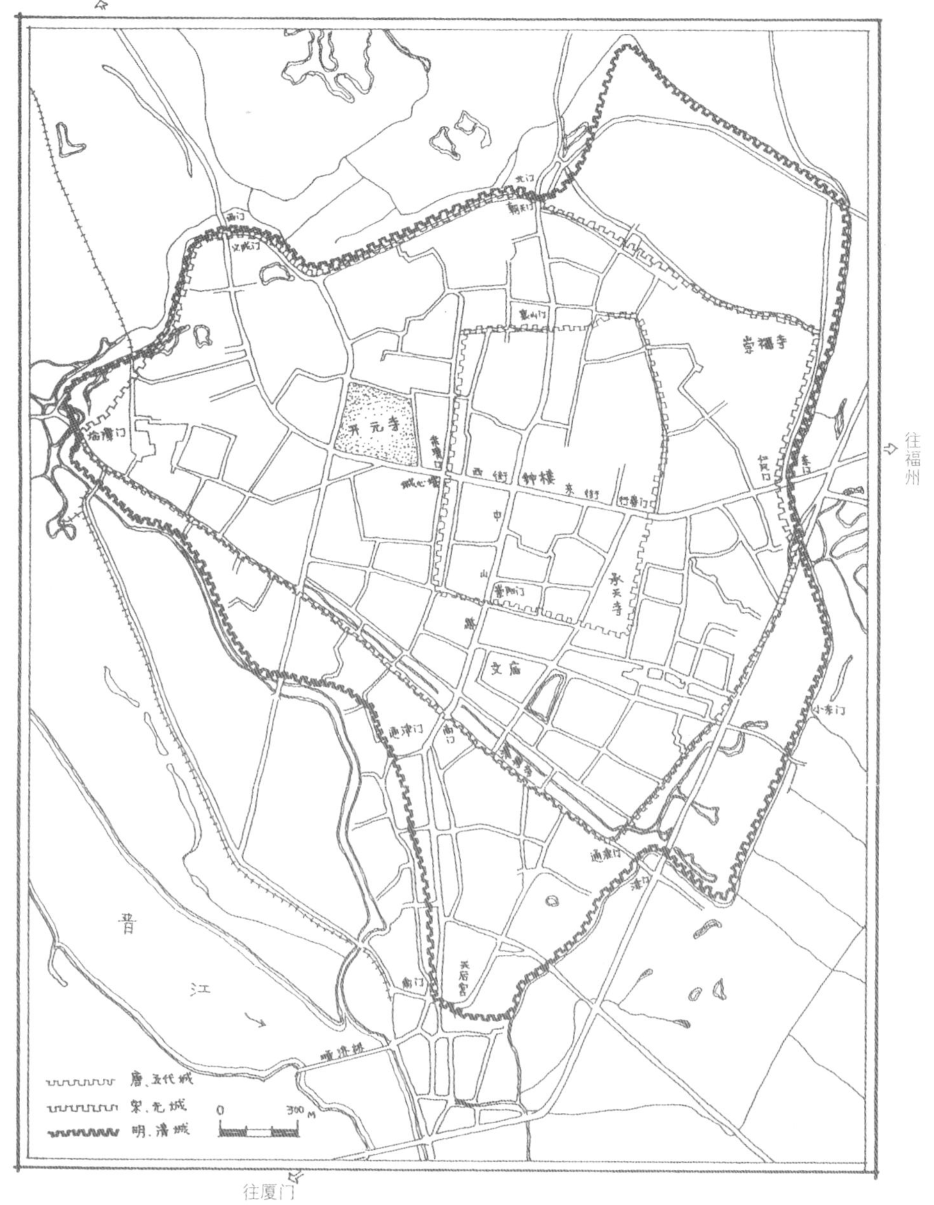

图0-4 泉州城区示意图

泉州古城在晋江东岸，唐代创建时，城按古代礼制成长方形，东西800米，南北1100米。宋代扩建时，依风水形势说成不规则形，以适应自然地貌。开元寺唐时位于西门外，五代时被包入城内。

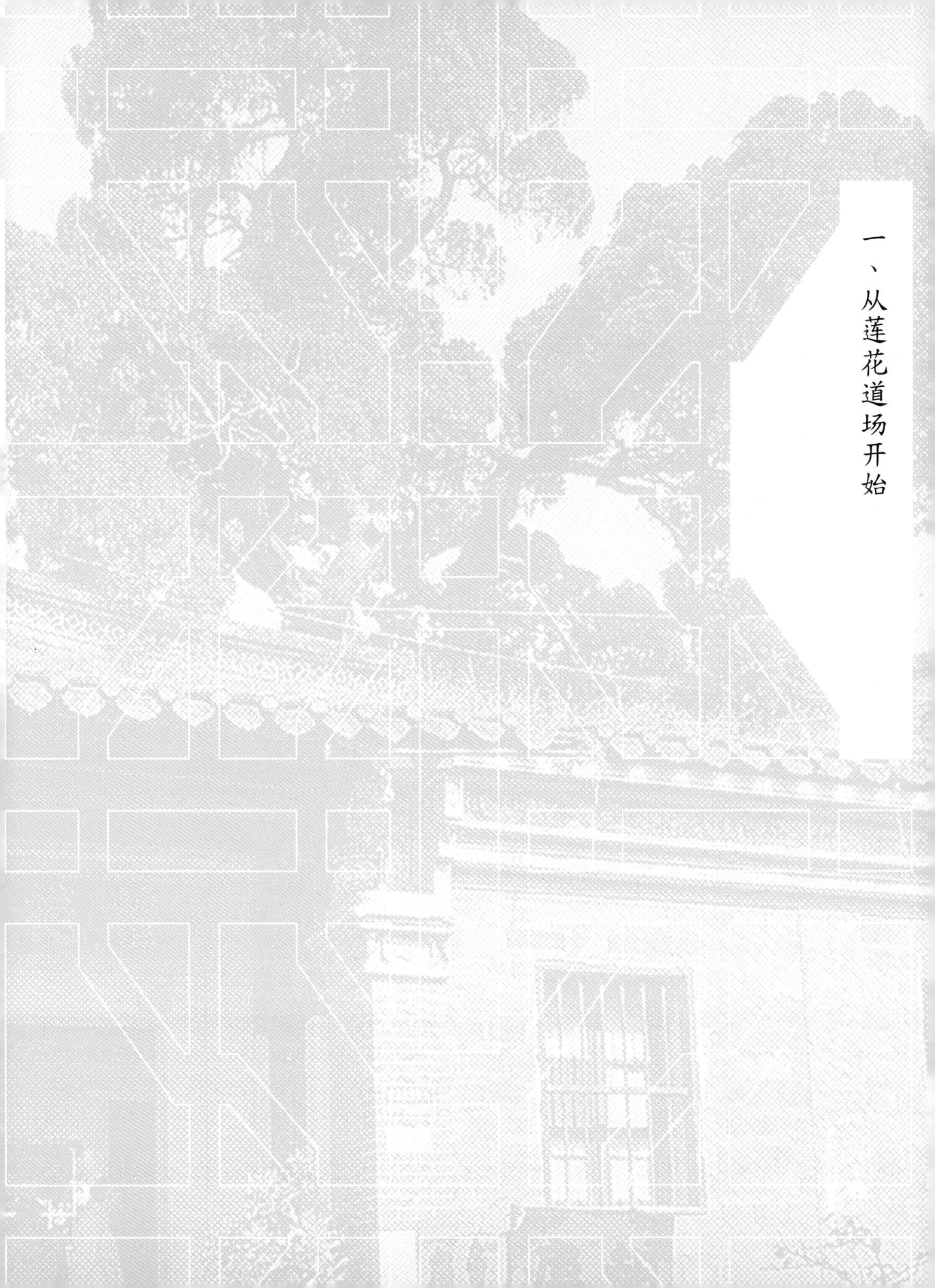

一、从莲花道场开始

图1-1 桑莲古迹
在开元寺大殿西北。古桑一株，传为初唐桑园中的仅存硕果，树龄高达1300多年。主干劈裂为三，老态龙钟，但枝叶依然繁茂，郁郁葱葱。在蚕桑早已绝迹的泉州，这处古迹颇有生态方面的史证价值。

图1-2 檀越祠/对面页
在开元寺法堂东侧，祀奉初唐舍宅为寺的郡儒黄守恭，檀越意施主。明万历二十四年（1596年），守恭后裔黄文炳于重修戒坛之余，以此地伽蓝祠改建而成。祠内有树龄达600年古桧二株。建筑与民居类似，但入口偏置，是特殊处理。

泉州开元寺初名莲花道场，其神话似的传说历久不衰。唐黄滔《重建开元寺记》云："垂拱二年（686年），郡儒黄守恭宅桑树吐白莲花，舍为莲花道场。"随时间推移，传说的神话色彩愈浓。明释元贤《泉州开元寺志》云："垂拱二年二月，州民黄守恭昼梦一僧乞其地为寺，恭曰：须树产白莲乃可。僧喜谢，忽失所在。越二日，桑树果产白莲。有司以瑞闻，乞置道场，制曰可，仍赐莲花名，请僧匡护主之。"

桑树开莲花当然绝无可能，我们从这一传说中可以推测的是，州官创建佛寺以迎合当朝女皇帝的政治需要。以女身而登基，武则天耗尽心机后仍须仰仗神话，她遣人伪造佛经，将自己扮为弥勒转世。

撇开武则天的阴谋不谈，我们不能不承认她在开拓疆土上的显著成效。闽南地区的发

檀樾祠
唐朝
桑蓮主

图1-3 中庭/前页
宽约50米，长约60米，南抵三门，北连大殿月台。中庭原为土面，相传“凡草不生”。元初满铺花岗石板。古代每逢国家大典，地方官员来此祝嵩朝拜，故又称拜庭。在开元寺内，大殿和三门是最早创建的殿堂，中庭则是最早围合的院落。

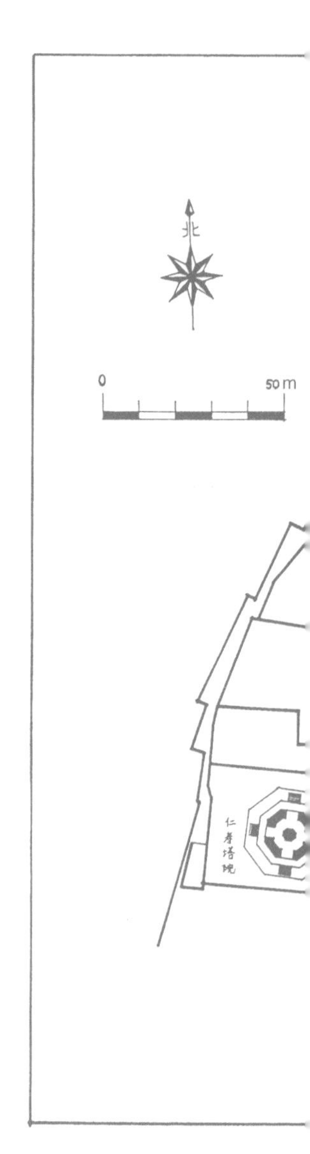

展在很大程度上受惠于那个时代。嗣圣元年（684年），武后临朝称制之初，即诏令闽南置武荣州。地辖今泉州、莆田及漳州东部，治所在南安古丰州镇。“武荣”，武氏荣光也。由于武则天的地位终未稳固，武荣州之名于十几年中三度兴废，紧随她的辞世最后消失。

据元释大圭《紫云开士传》记载：“匡护大师，泉州开元尊胜之世祖也，姓王氏，律行良瑾。夏讲《上生经》，辄致千人，其门徒甚广。尊胜者，州民黄守恭园也，肇造开元，昉乎此矣。”《上生经》即《观弥勒菩萨上生兜率天经》，借佛的名义宣扬弥勒死后到达兜率天，是弥勒信仰的主要经典。

开元寺内的第一座支院即尊胜院，“佛顶尊胜”是密宗胎藏界的大佛之一。一般认为，

图1–4 泉州开元寺总平面图

泉州开元寺创于唐武后垂拱二年（686年），先于州城的创建。寺之西北角地势较高，原为黄氏桑园。舍宅为寺后，向东南扩大。五代时由于双塔的落成，大体定型。占地近百亩（约6公顷），近代被民居蚕食，但仍可称规模宏大。

武则天信奉的正是带浓厚印度色彩的佛教密宗。当著名的洛阳龙门奉先寺石窟开凿之时，武氏曾资助“脂粉钱两万贯”，并率朝臣出席开光仪式。很多人相信，奉先寺密宗大佛丰腴饱满的面容就以武氏的脸庞为原型。

泉州开元寺于唐宋时期拥有众多支院，宗派林立，元代被合并为“大开元万寿禅寺”，以后一直以禅林著称。然而寺内其他宗派尤其密宗的遗迹甚多，认真考察第一个支院的皈宗，能使我们较容易理解其来源。尊胜院在开元寺的西北角，殿堂荡然无存，仅有一株古桑树不倒，其主干劈裂为三部分，枝杈虬曲，但绿叶郁郁葱葱。这株桑树是否种植于初唐尚无确切鉴定，但作为泉州古桑园的遗迹是没有问题的。武则天掌政时，曾颁行《兆人本业记》，鼓励农桑。在中唐大规模的水利工程以前，泉州平原绝大部分面积都有严重水患，黄守恭的宅园地势较高，应是当时适宜种植的少数地点之一。

鼓励农桑和扶持佛教是武则天执政的两大方略，因为一个地区的开拓首先要解决衣食问题，随后就是精神活动的开展。据《旧唐书》记载，初唐泉州地区人口不过十六万，仅为当今的几十分之一。当时来开元寺听经的人多达千人，其场面可以说是很宏大的。

二、寺院建筑的发展

图2-1 北宋石经幢
坐落在拜庭西南角古榕下，现存须弥座和幢身，其他部件残缺。幢身铭文模糊，但可看出“天圣九年（1031年）建”字样，亦为难得。此类石幢现在泉州地区发现共10余座，多属北宋遗构，从造型程式化分析，一度十分流行。

图2-2 宝箧印经塔/对面页
经塔为石构，在大殿月台前对称布置。东面一座台基上铭文：“右南厢梁安家室柳三娘舍银造宝塔二座，同祈平安，绍兴乙丑（1145年）七月题”。此类塔别称阿育王塔，泉州地区的宋元遗构很多。其造型颇具印度色彩，故又称婆罗门塔。

莲花道场的首座殿堂是大雄宝殿，寺志云：“紫云大殿，唐垂拱二年（686年）僧匡护建。时有紫云盖地之瑞，因以得名。”接着建造的是三门，寺志云：“三门始创自垂拱三年（687年），有石柱生牡丹之瑞。”当时的大殿与三门的位置是否与现在完全相同不能肯定，但这两座殿堂的出现，已将汉化四合院式的佛寺布局大体框定。

初唐创建的莲花道场采用四合院式布局，说明泉州地处偏僻，但文化发展的步伐尚能紧跟中原。早期中国佛寺沿袭印度布局，塔在中央，屋宇环绕四周。随着佛教思想的逐渐汉化，这种不符合中国传统的布局被慢慢改变，原居中央的塔退居院落后部或两侧，佛殿占据主要位置。本质上，这种位移是佛像取代佛塔成为主要崇拜对象的结果。就全国而言，唐代是佛寺布局的转折时期，强盛的华夏文明才有可能同化优秀的外来文明。

图2-3 小方塔

坐落在拜庭东南角古榕下。泉州方塔十分罕见，这一座无纪年铭文，故难以断代。推测若为中原佛教流风所被，其可能建于唐宋；若为中国楼阁与宝箧印经塔结合的产物，则年代应为宋元。

图2-4 明代小石塔/对面页

共九座，分列于拜庭东西两侧。寺志载：“永乐戊子（1408年）……庭前左右各浚小池，仍造小浮屠数座翼之。”这种塔的主要部件是刻像的长圆球体，下为须弥座，上为顶盖。泉州宋、元、明时期遗物甚多，但国内他地少见。

创建不久，莲花道场于“长寿壬辰（692年）升为兴教寺”，此时武后已经称帝并改国号为周。“神龙乙巳（705年），改额龙兴。”这一年，81岁的武周皇帝以衰病退位，中宗复国号为唐，改元为神龙。“龙兴”，意味着李唐的复兴。

“玄宗开元二十六年（738年），诏天下诸州各建一寺，以纪年为名。”开元年间，朝廷致力于整顿弊政、兴修水利、发展生产，全国人口迅速增加，经济文化全面进步。此诏表明，玄宗对自己的政绩颇感满意。当时唐帝国设州三百多个，有的新建寺院命名开元，有的像泉州这样以旧寺改名应付。

州治于久视元年（700年）从古丰州镇迁来今地，否则，被改额应诏的可能是丰州建造寺。莲花道场几经易名后定为开元寺，确定了其作为泉州第一佛寺的地位。

玄宗时代的三百多座开元寺，有的于后代被易名，有的衰落无闻。就泉州几个邻州来看，福、建、漳三州开元寺几近湮没，潮州开元寺有相当多的古迹存留至今，但寺院整体规模较之泉州大为逊色。在中国建筑史上，河北定县开元寺被经常提及，但使其享有盛名的，实为一座北宋建造的高耸砖塔。

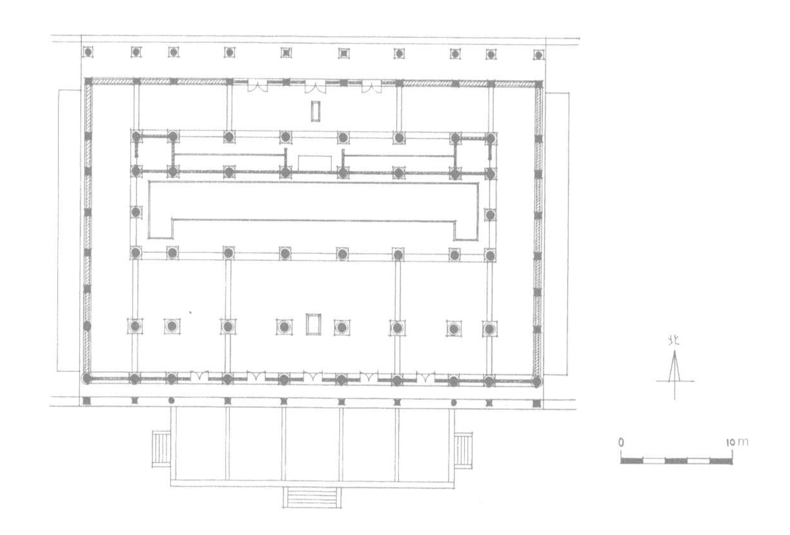

图2-5 大雄宝殿平面图

大雄宝殿九间九进，俗称“百柱殿”。实由于佛像前的空间要求，减少16柱，余84柱。唐创建时面阔五间，后代多次重建，明代基本定型成现状。面积达1200多平方米，是福建古建筑中单体最大的一座。

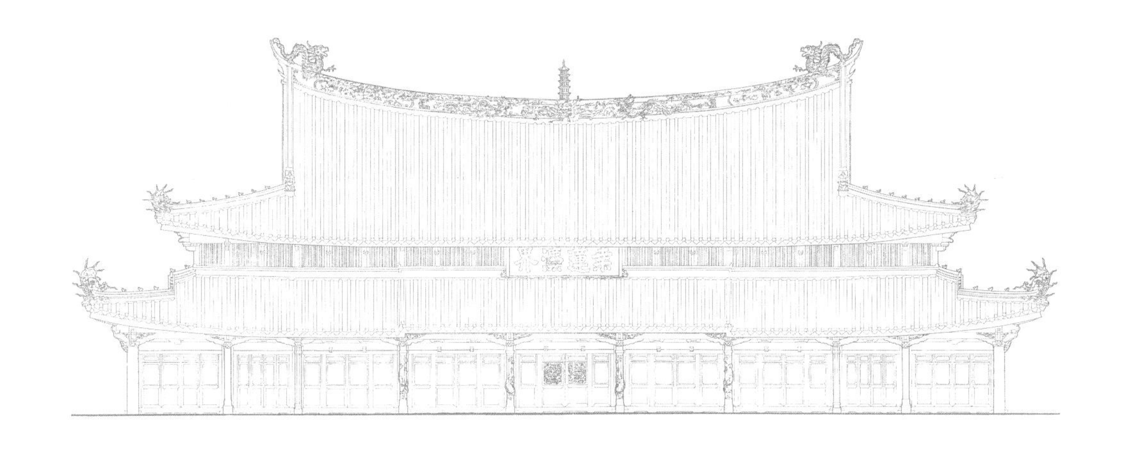

图2–6 大雄宝殿立面图

大雄宝殿通面阔41米，通高16米，重檐歇山顶，巍峨壮观。现状为明代式样，但若除去副阶部分，显而易见宋代风格。横匾书“桑莲法界”，是开元寺创始故事的叙说。

图2–7 大雄宝殿横剖面图

大雄宝殿通进深30米，若非减柱，应计10柱。殿身立柱粗壮，副阶檐柱细长，显示唐宋与明清两大时期建筑风格上的重大差别。殿身天花以下明栿为抬梁式，以上草栿为穿斗式，结构十分合理。

自武后时代创建大殿和三门以后，至武宗会昌年间（841—846年）的一个半世纪，泉州开元寺内没有建造重要的殿堂。

会昌间，倾向道家的武宗诏令全国各州中，除节度使或观察使所在州保留一寺外，其他佛寺尽行毁撤、寺产收官、僧尼还俗。福建仅福州为观察使所在，建、泉、漳、汀诸州佛寺一度面临灭顶之灾。从地方史料中，可以发现若干佛寺被毁的记述。不过由于毁佛行动并未得到官民的普遍拥护，很多地方都以敷衍办法来抵制。福建地处偏僻，天高皇帝远，诏令根本没有得到认真的执行。实际上，由于会昌法难对中原佛教的打击极为沉重，福建成了对僧众颇具吸引力的避难所。

泉州开元寺似乎没有受到多大破坏，反之，法难成了一种刺激发展的因素。从大中年间（847—860年）开始，寺内新的宗派林立，支院竞相兴起。唐末五代时，更由于据闽的王氏家族的虔诚礼佛，开元寺趋于鼎盛。此期东、西二塔的先后创建，在寺院总体布局上具有决定性的意义。

三、整体的定型

今泉州开元寺占地近百亩，纵横两个方向的长度均200多米。在南北轴线上，当初唐大殿和三门创建之时，主庭已经形成。这个方向的纵深发展是宋戒坛和元法堂的递次建成的，东西方向的范围则于唐末五代初双塔的创建之时界定的。主庭两侧形成宽大空间，随后创立的众多支院便设于其中。支院制度于元代被取消以后，其建筑保留下来，部分直至20世纪中期才被清除。

东塔于唐咸通元至六年（860—865年）由僧文称主持创建。此时距莲花道场的创建已近两个世纪，而会昌法难过去仅13年，建筑的重大发展标志着佛教力量的勃兴。

图3-1 石香炉

位于拜庭中央，全高约3米。下部须弥座风格古拙，圭脚、壶门及仰覆莲花均圆浑饱满，似为唐宋遗物。上部香炉雕刻细腻但略显僵化，应为元明作品。上下二部分的石材也不相同。

图3-2 元代赐额

额题“敕大开元万寿禅寺”。“开元寺”于唐代定名以后，历五代十国而至两宋，支院林立达120区，皈宗不一。元至元二十二年（1285年），行省平章奏请合并支院，敕准赐额。至此，衰落中的佛教诸宗受到致命打击，禅宗一枝独秀。

相对于大殿而言，东塔在开元寺中的位置是东南，即风水术中的巽位。一般说，风水术是道家思想的组成部分，在佛教深入汉化的过程中被吸收。巽位观念源出于华夏先民对地貌整体的认识，西北高，东南低。天然生成的不均衡感须借助于对某种高耸物的强调才可清除。局部环境应与地貌整体谐调，从而在建筑群的选址时，注重西北高东南低；在建筑单体的设置上，则反其道而行之。

五代后梁贞明二年（916年），西塔始创，此时距东塔落成刚半个世纪。寺志记云："西塔……四月朔至十二月晦日成，凡七级。"始创的双塔均为木构，东塔施工长达六年，西塔仅九个月而已。这表明，有关西塔的传说至少部分是真实的。据传王审知原计划在福州建塔，因故改变，将备好的材料运到泉州。大略估计，九个月只能是组装时间。

今存的福建古塔分为两大类型，闽南五层粗壮，闽东七层纤细。这一差别，看来早在唐末五代时已露端倪。

北宋天禧三年（1019年），戒坛在大殿北面落成，轴线建筑向纵深发展。史载这一年全国度僧多达二十三万，各地设戒坛共七十二处，泉州其一。

元至元二十二年（1285年），法堂在戒坛北面落成，轴线上的重要建筑终告完成。这一年发生了另外事件，据寺志记载，开元寺历五

图3–3 拜亭

位于在中庭南端，与三门相连。古代每逢皇帝诞辰时，地方官员前来开元寺祝贺，山呼万岁。泉州多雨，特造此亭摆设香案，不误礼仪。又称拜圣亭、拜香亭。历代兴废，多与三门相同。

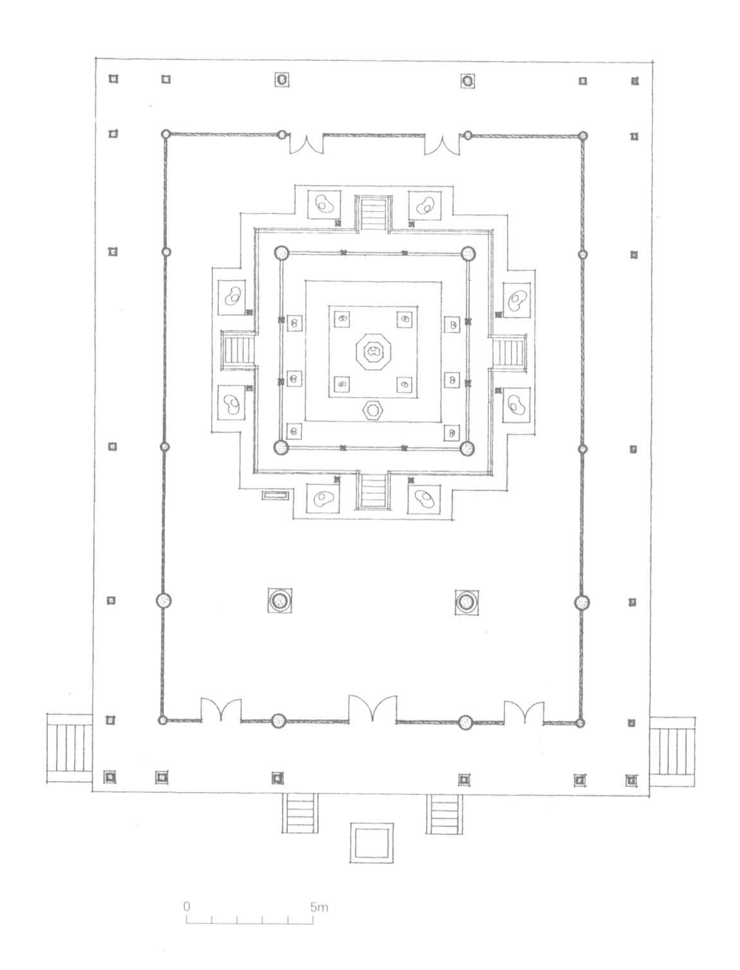

图3-4 戒坛平面图

其特殊之处是进深大于面阔，这是功能作用的结果。戒坛的重点在于曼荼罗式的石台，大佛居中，菩萨、罗汉拱护。信众礼拜的需要，在石台前面形成宽敞空间。

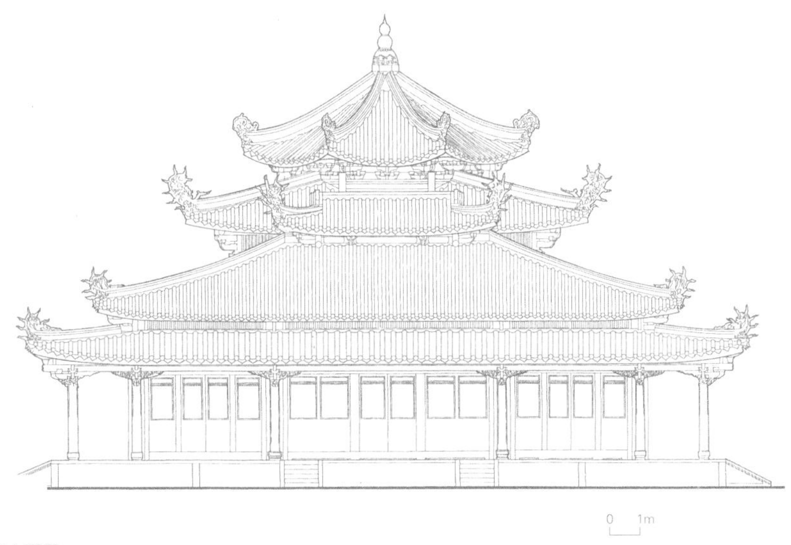

图3-5 戒坛南立面图

带有高阁建筑的美感，四坡顶的下层与八角攒尖的上层有机结合，外形端庄而富于变化。明间面阔达7.5米，在闽南已知古建筑中可以称最。

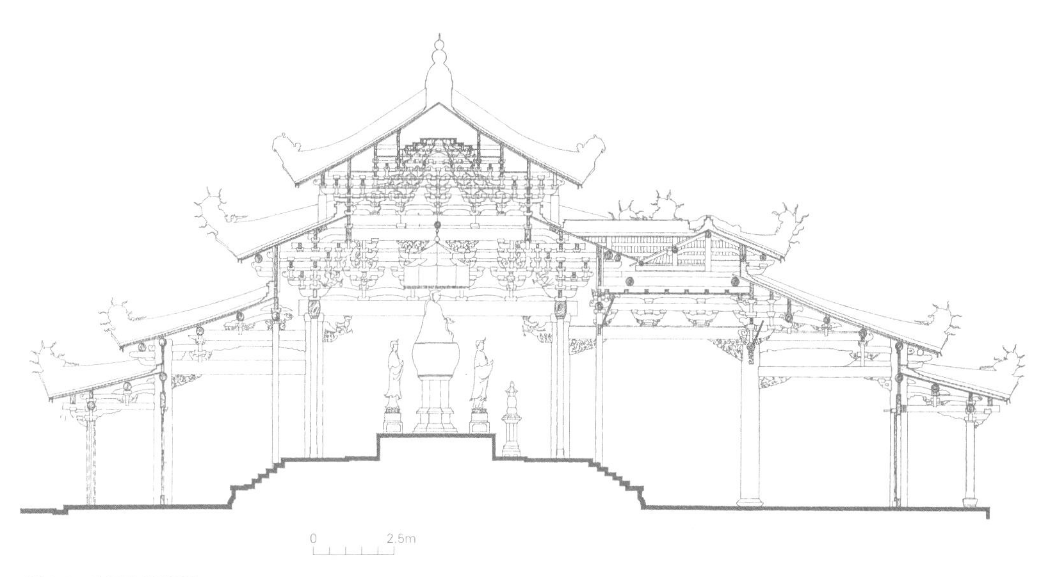

图3-6 戒坛纵剖面图

反映出信徒和佛菩萨空间的关联。结构处理非常巧妙，主次空间交接处加盖卷棚歇山顶，再以丁字脊过渡。图为20世纪70年代改建状，下层屋顶一分为二；90年代恢复，下二层合而为一。

代十国而至宋，创立120个支院，互不相属。至元乙酉年（1285年），寺僧奏请合各支院为一寺，后获赐额大开元万寿禅寺。

元代禅寺流行伽蓝七堂制。泉州开元寺在废除支院后，陆续建造的殿堂除法堂外，还有禅堂、檀越祠、伽蓝祠、寝堂等。究竟何为伽蓝七堂，学术界迄未定论，但从元代以后的禅寺实例来看，上述殿堂应当在内。

伽蓝七堂中是否包含钟、鼓楼也是一个尚无定论的问题。从福建沿海看，闽东有此设置，闽南则无。从全国范围看，早期佛寺中多以钟、经二楼对称布置，鼓楼取代经楼约从南宋开始，而钟、鼓二楼并置的推广则迟至明代中叶。泉州开元寺中早期曾设钟、经二楼，后圮未建。鼓楼从未建造，法鼓至今仍在大殿和戒坛内部使用。

四、镇国东塔

就开元寺内现存石塔而言，西塔早于东塔十年，但比较二者的初创，则东塔早于西塔五十年。

东塔的创建人是僧文称，唐贞元十三年（797年）生于仙游。初创的东塔史料中没有记述。我们看福建沿海现存古塔的实例。连江仙塔，建于唐大中三年（849年），平面八边形，石构仿木楼阁式，仅下部二层而止。仙游无尘塔，建于唐咸通六年（865年），平面八边形，石构仿木楼阁式，仅下部三层而止。这两塔的建造时间与东塔的初创时间十分接近，平面都是八边，我们可以据以推测东塔亦然。

谈及八边五层木构佛塔，我们不能不提及现存的著名实例——山西应县佛宫寺塔。我国古代曾经建造过大量木塔，可惜难以持久，佛宫寺塔建于辽清宁二年（1056年），已为孤例。

初创的开元寺东塔平面也可能是四边形，倘若如此，它与现存的西安玄奘墓塔类似。玄奘墓塔建于唐总章二年（669年），四边五层楼阁式，但为砖构。

图4-1 镇国塔西北面/对面页
夕阳下，花岗石金光灿灿。唐末创建时，为木塔五层。历经废兴，南宋时耗工十年改为石构，保存至今，异常坚牢。中国塔中大多数为七层以上的纤细型，泉州塔为五层粗壮型，很引人注意。

图4-2 镇国塔三、四层檐下构造/上图

其斗栱出两跳为五铺作，偷心造无横栱。与仁寿塔不同之处在于出跳深远，故第一跳头上增加罗汉枋联系。另一不同之处是上下五层补间斗栱均为两朵，第四层影壁上开始出现铺作中距不足的问题。

图4-3 镇国塔四层鸳鸯交首栱/下图

用于镇国塔顶部两层影壁上。这种栱实为相邻两栱的端部合而为一，共承一斗，似鸳鸯亲密状，故名。唐代人字栱外观上与此接近，但构造迥异。宋代以此为权宜之计。元代以后斗栱尺度按需缩小，鸳鸯交首栱不再使用。

图4–4 金刚雕像/左图

在镇国塔第一层壁上，东西南北四门两侧各有金刚护卫，这一尊位于南门西侧。东塔雕像依佛教五乘为标准布置，由上而下，尊卑有序。金刚身着古印度武士装束，手执金刚杵，呈威猛忿怒相。

图4–5 拾得雕像/右图

在镇国塔第二层南面右侧。拾得为唐代天台国清寺僧，长于诗偈，与当时另一诗僧寒山交友，相互吟唱。后世凡人赞赏二僧的文采和异行，佛家则视其为西天圣贤。在东塔雕像中，左右并列的寒山、拾得极其生动传神。

四边五层木构佛塔，日本现存较多，如著名的室生寺塔和醍醐寻塔，均建于10世纪。四边是木结构建筑最典型也最合理的平面形式，日本塔完全出于对中国塔的模仿。中国现存唐代砖塔大多为四边形，自五代始向八边演变。

东塔的创建耗时六年，完工后赐名镇国。唐“（咸通）九年（868年）秋，仓曹徐宗仁以佛舍利上都（长安）来镇藏之”。显然，朝廷对这座塔十分重视。

寺志记载，北宋天禧年间（1017—1021年），东塔被改建为十三层。从我国现存实例看，十三层塔均为砖构密檐式。然而天禧仅五年，时间太短。再者高大砖塔不至于到南宋时被骤然毁去。我们推测东塔改十三层后仍为木构，若果然，则应类似于我国西南侗族的鼓楼。

南宋绍兴二十五年（1155年），开元寺大灾，东塔不能幸免。淳熙十三年（1186年）僧了性重建。这一次层数和平面均不得而知，但可推测仍为木构。40年后的宝庆三年（1227年）它再次被毁。寺志记载，此后“僧守淳改造砖塔，凡七级。嘉熙戊戌（1238年），僧本洪始易以石”。此处颇有疑问的是，西塔于绍定元年（1228年）建造石构，很难想象一砖一石两塔施工同时进行。也许，砖塔并未实际建成。

东塔最终改为石构时，西塔已经先行完

图4-6 逾城出家浮雕

在镇国塔须弥座南面壶门中。壶门浮雕共40方，描绘佛本生、佛传和经变故事，各有题目。采用质地细密的辉绿岩石，每宽1米，高0.32米。逾城出家是较精美的一幅，其中城墙雉堞的构造刻画准确，从建筑史角度看也有重大价值。

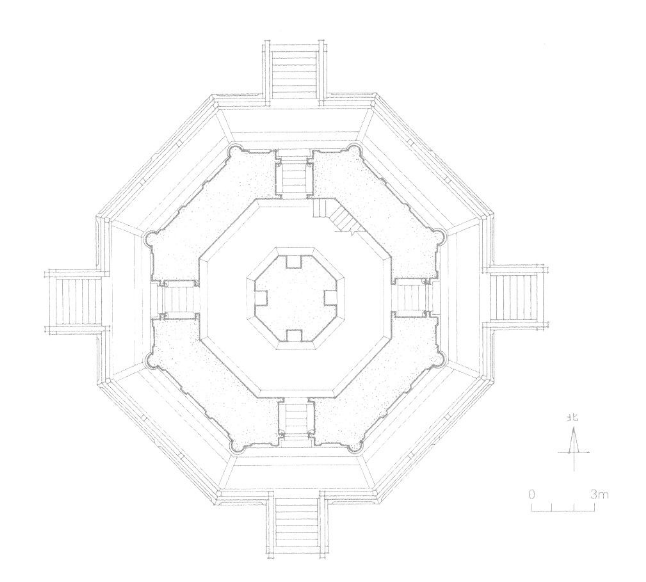

图4-7 镇国塔平面图

基本与仁寿塔类似。重要的差别在于承托檐盖的斗栱出挑大得多，增加罗汉枋有助于横向联系。这一改进是在仁寿塔斗栱试验成功后实现的，它使镇国塔的屋面显得舒展开朗。

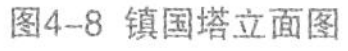

图4-8 镇国塔立面图

镇国塔平面与仁寿塔基本相同，唯尺度略大。在仁寿塔成就之上，镇国塔将福建石塔建筑推至顶峰。由于中国石塔集中于福建，将镇国塔作为中国风格的最高杰作毫不过分。

图4-9 镇国塔剖面图

与仁寿塔比较明显的不同在于上下五层补间铺作全为两朵。南宋时期补间铺作数量的增加是重大的时代特征之一，东塔紧接西塔10年以后建造能够如此，表明泉州虽然僻处东南，但建筑进步较之中原地区并不落后。

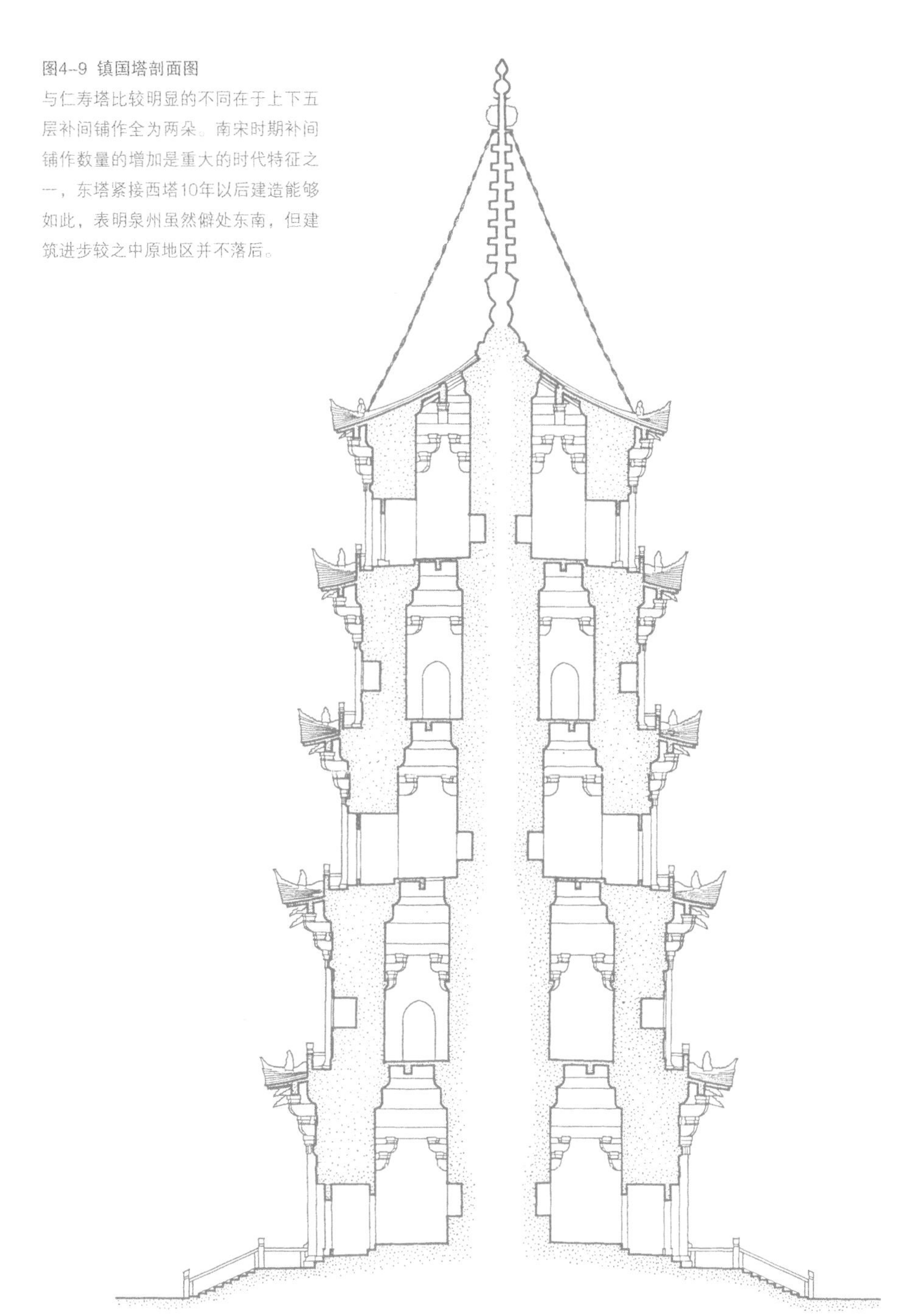

工。两者的施工时间均为10年。经历多次兴废以后，泉州开元寺塔终以石结构的八边五层定型。

宋代全国的塔绝大多数是八边七层。八边形平面对于高层建筑来说，既是结构受力的较好形式，又有利于眺望和观赏。八边即八角，英文的中国塔为“Pagoda”，发音极似南方话的“八角塔”。

建筑是文化的载体，南宋泉州石塔的灿烂成就，是经济文化臻于鼎盛的体现。

石构的东塔十分坚固，据史料和碑铭记述，七百多年来，除了维修塔刹以外，最大的一次灾害是明万历三十二年（1604年）的大地震，第五层顶盖石塌下，随即修复。

五、仁寿西塔

现存西塔的建造时间早于东塔，但其初创却较晚。关于西塔的初创，开士传中有一个“闽王杀神僧”的故事。“神僧者，西塔因之权兴者也，不知其为何名氏。五代后梁贞明元年（915年），闽王审知一夕梦坐大府厅事，神僧在焉，问其何许人，曰：泉人。又问何以来，曰：闻王于大都督府造塔，乞移之镇泉。审知怒，处分斩之，首坠而身涌高数尺。因悔其误杀圣贤人，觉骇之，使求之泉，云：果有狂僧者不见久之。审知悟其为神僧也，遂以材木浮江转海至泉。其二年（916年）四月朔日经始为七级塔，十二月晦日塔成，名无量寿塔。”

考据史实，我们相信这个故事是闽王出于客观需要而精心编造的神话。唐乾宁四年（897年）王审知任威武军节度使，尽据闽地。五代后梁开平三年（909年）封闽王，在位十五年，境内升平。唐天祐元年（904年），审知委其侄王延彬任泉州刺史。在延彬治下，泉州年年风调雨顺，海外贸易也获巨利。时延彬年少气盛渐生骄纵之心。后梁贞明二年（916年）有人进献白鹿、紫芝，深受宠信的浩源和尚说，此为王者征兆。延彬信之，秘向后梁进贡求授高职。此举被王审知察觉，延彬罢官，浩源处斩。

图5-1 仁寿塔/对面页

其初创时间晚于镇国塔，但改为石构却较之早了十年。如果说东塔的建筑成就登峰造极的话，西塔是其理想的先型。在里程碑式的闽南石塔系列中，西塔从更早实验的基础上迈出了极大的一步。

从闽王立场考虑，这一事件的真相必须尽可能掩饰。一方面，当闽国繁荣之际，王氏家族内部的矛盾不宜公开；另一方面，浩源之死对于崇佛礼僧的国策肯定具有负面作用。

也有可能，王审知真的是一位虔诚的佛教信徒。从平民暴发为王公，他容易感受到生命的无常。经过无数次的战争，死亡的阴影难以抹去。从减罪的心理出发，建寺造塔是功德无量的。“救人一命，胜造七级浮屠。”初创的西塔名“无量寿塔”，“无量寿佛”即阿弥陀佛，佛教徒相信，众生临终时，阿弥陀佛会接引前往西方净土。至今，在泉州人中流行一种说法，“东塔神，西塔鬼。”

无论上述是否合乎史实，有一点毋庸置疑，西塔由闽王王审知主持创建。在泉州建造仅用九个月时间，在福州必定已经做好了材料的基本加工。开元寺内历来建塔的时间少不了数年，西塔初创如此迅速，与闽国经济繁荣有密切关联，但若无闽王的大力促进还是难以想象的。

图5-2 仁寿塔的二、三层檐下构造/对面页

最值得注意的是补间铺作的数量变化。在中国建筑史上，这一变化是借以断代的主要依据。补间铺作的结构作用不大，装饰效果却很强烈。从唐代的阙如到清代的八朵，宋代正是有力的过渡。

“无量寿塔”名称持续了近两个世纪，到北宋政和四年（1114年），“有青黄光起塔中，高侵云，须臾五色质明乃灭。有司具奏，赐名仁寿。”这种景象颇似放烟花，北宋是烟花发明时代，人们为之吃惊是很自然的。

南宋绍兴二十五年（1155年），仁寿塔与开元寺内其他建筑一并被毁。淳熙间（1174—1189年）僧了性重建。据开士传记载，了性和尚是一位很有成就的建筑专家。“性安溪黄氏……导人为福，诸塔、寺、梁、道必成之，微一发为私藏。”

图5-3 仁寿塔须弥座
其构造做法与镇国塔大体相同，圭脚之上为仰覆莲花，束腰以间柱分隔，转角饰以力神。但从壶门中的雕刻图案看，两塔的差别很大。东塔描绘佛教故事，人物众多，符合整体的现世性；西塔完全是花草禽兽图案，是西方极乐世界的表观。

了性重建的西塔平面和层数不得而知，但材料可能依旧用木，因为不久被毁。史料中未记载这次被毁的时间，但从“僧守淳改造砖塔，绍定元年戊子（1228年）僧自证始易砖为石”来看，西塔被毁应早于东塔被毁的宝庆三年（1227年），否则一年时间如何改造砖塔？

图5–4 六字真言窗楣

位于仁寿塔北面第二层。梵文的汉语音译是："唵嘛尼叭弥吽"。六字真言是观世音普度众生的心咒，佛教密宗专用。闽南佛塔采用全国罕见的五层形制确切原因尚不明了，但受到密宗影响是有迹可寻的。

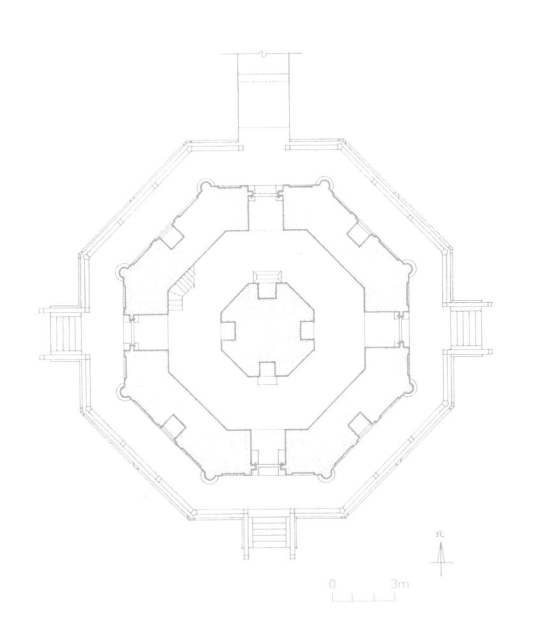

图5–5 仁寿塔平面图

须弥座上下，正方位四门与四阶级相对，隐含曼荼罗意象。塔壁与塔心柱的结合是技术方面一大创新。仁寿塔的成就受惠于福建沿海唐宋两代多座石塔的先期探索。

图5-6 仁寿塔立面图

虽无色彩，但可毫不夸张地说富丽堂皇。塔身八面满布浮雕，艺术价值极高。建筑上特别值得注意的是，下二层补间铺作两朵，上三层一朵。比较镇国塔的做法，可见时代的发展。

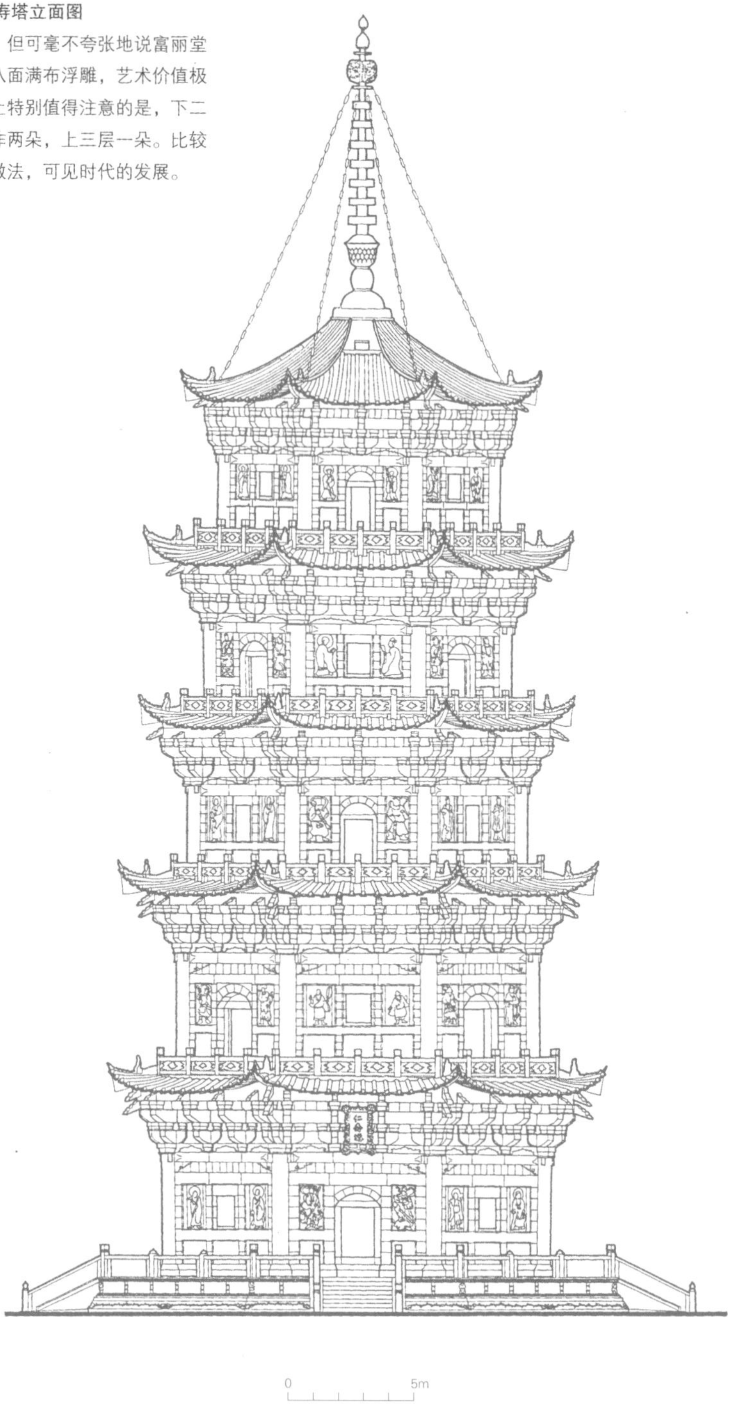

图5-7 仁寿塔剖面图

可将塔壁视为外筒，塔心柱视为内筒，结构上则形成现代摩天楼常用的双筒。开元寺塔能承受后代多次地震而屹立，不能不归功于这方面的进步。塔檐由斗栱挑承，也是技术上的大胆突破。

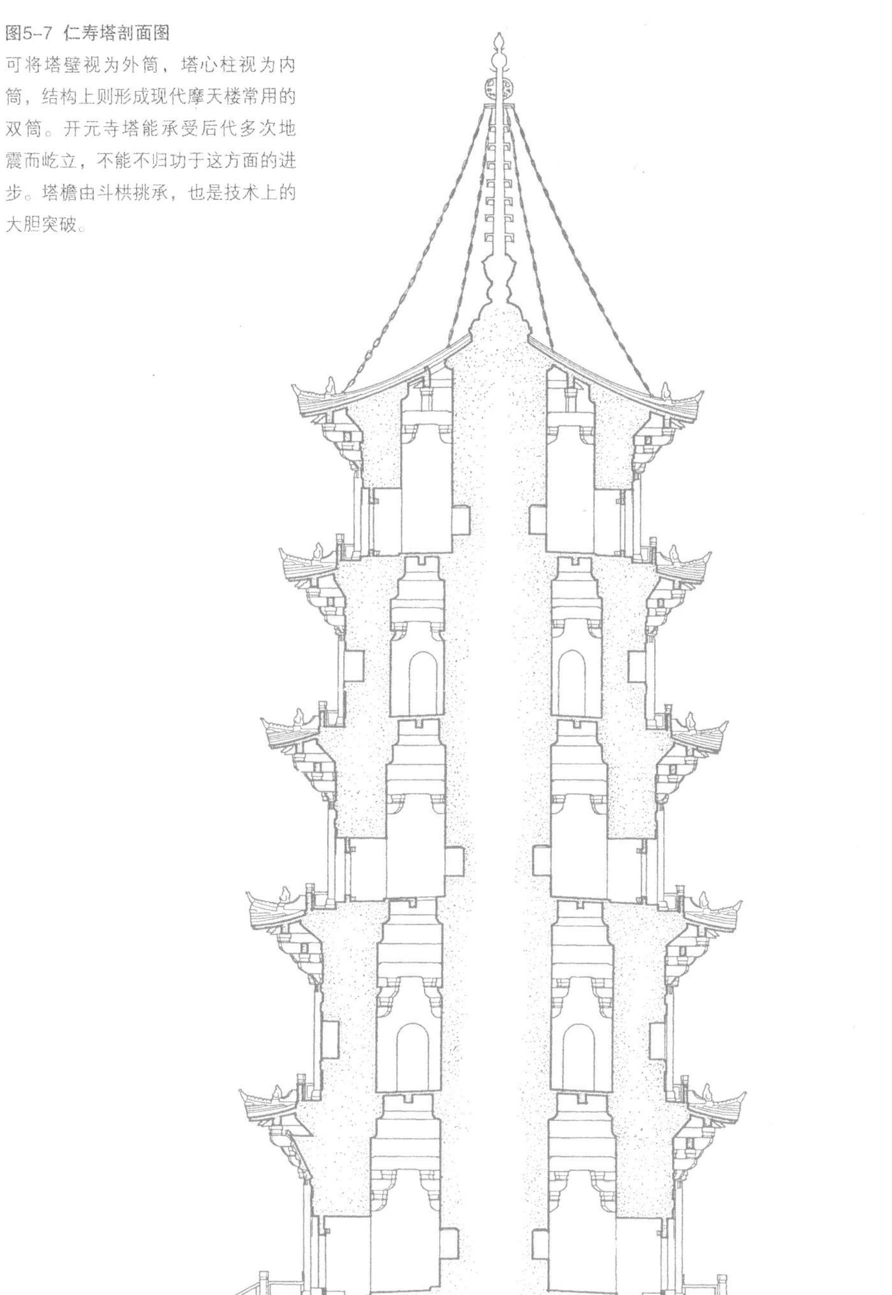

西塔“嘉熙元年（1237年）始竣工，实先东塔十年而成云。”中国建筑史上成就最高的一对石塔在此时此地完成，与闽南作为首都临安后方基地的历史地位有紧密关联。南宋时期，以泉州为中心的福建沿海骤然掀起花岗石建筑的浪潮，大量的长桥高塔竞相建造，它们的代表就是开元寺双塔。

西塔的结构似乎比东塔更加坚固，七百多年过去，从未出现重大破坏。明万历三十二年（1604年）的强烈地震，它也安然度过。西塔的弱点主要在刹顶，据载明清两代中这一部分至少经过四次修理。

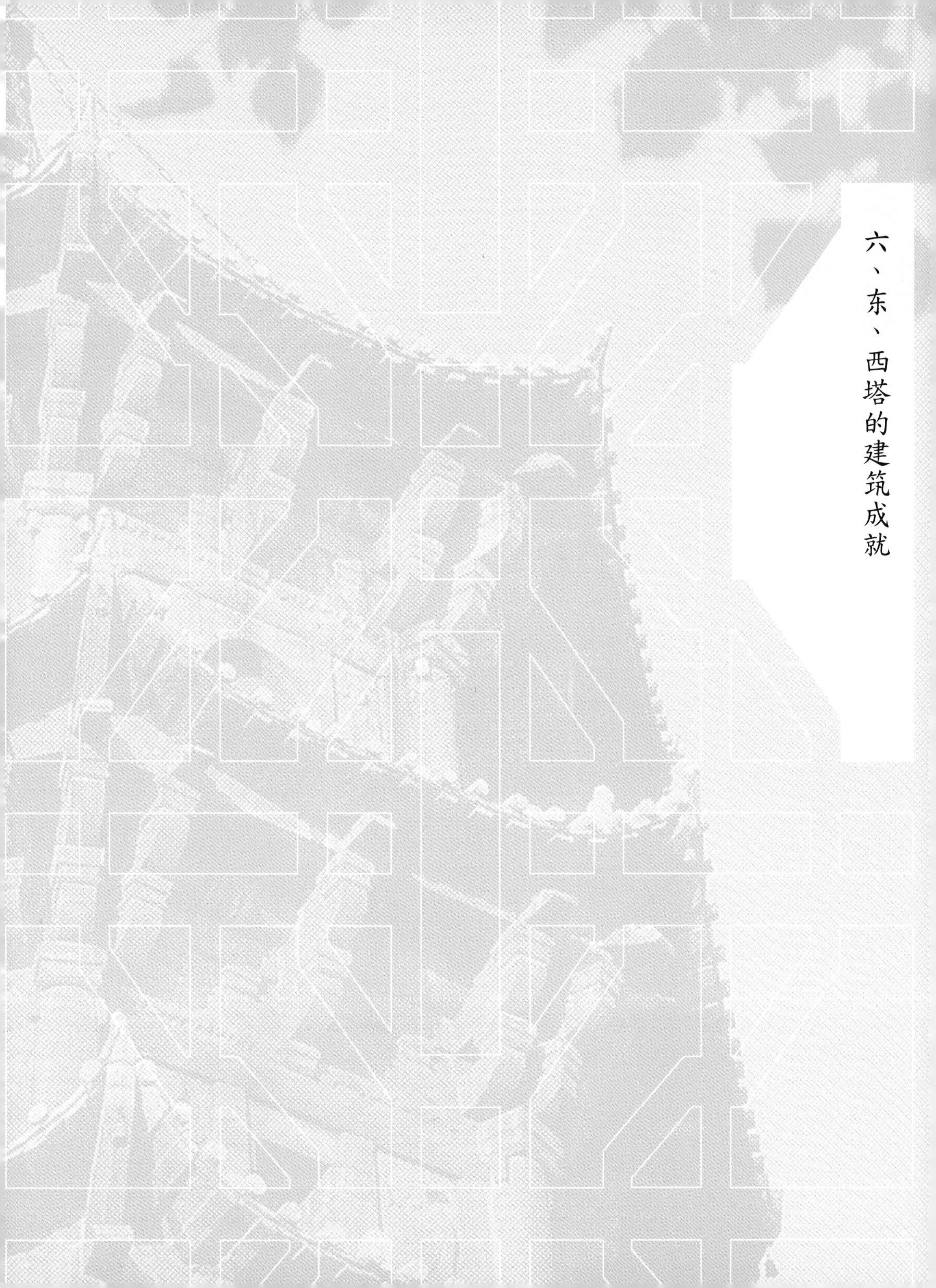

六、东、西塔的建筑成就

从材料着眼，世界古代建筑可分为中国木构和欧洲石构两大体系。我们的祖先曾用木材完成过很多伟大的创造，木材轻便易加工的特点得到淋漓尽致的发挥。高达67米的山西应县木塔和面积1200平方米的泉州开元寺大殿，都是了不起的建筑成就。然而木材易腐易燃的弱点太致命了，就我们这个文明古国而言，留存至今的古代遗产太少。

石材，我们并不缺乏。汉代石阙、石墓和隋代石桥表明，我们也不缺乏工具和技巧。文化心态上的因循守旧，可能才是阻碍发展的根本原因。

泉州开元寺东、西塔是中国建筑史上的独特成就，借当代话语来说，它们也是对外开放对内改革的创新产物。13世纪时，欧洲石结构建筑正在不断突破高度极限。目前我们尚未发现明确记载中国与欧洲建筑交流的文献，但泉

图6-1 仁寿塔的出檐

其出檐由斗栱悬挑支承，是闽南石建筑一大突破性发展。此前石塔的出檐均以叠涩支承，斗栱仅作简单装饰而已。不过作为结构上的创新，谨慎是必要的。仁寿塔斗栱出两跳，每跳尺度较通常大大缩短。

州作为世界大港的历史地位使人相信，这种交流完全可能。

自然地，港口众多的闽东南沿海地区成了中国石建筑的试验场，最具代表性的实验品是石构高塔。大体说，闽东福州地区的石塔为七层细长型，闽南泉州地区为五层粗壮型，莆田地区介于其间，但迄至北宋它在行政上隶属于泉州，从而在文化上与之关联紧密。

开元寺双塔是闽南石塔中的最高成就。这一地区更早的实例是：建于北宋大观年间（1107—1110年）的仙游龙华塔，南宋绍兴年间（1131—1162年）的晋江姑嫂塔，乾道元年（1165年）的莆田广化寺塔。它们都是五层粗

图6-2 镇国塔支承屋檐的斗栱

此斗栱仍出两跳，每跳尺度则长了很多。屋面伸长以后，顿显舒展开朗。第一跳斗上设罗汉枋一道，既加强了整体联系，更使立面的光影效果大为加强。

图6-3 镇国塔的檐下处理/后页

它圆满完成了石仿木构的进程。石、木两种材料受力性能相差很大，从结构理性看，本应各自遵循适当的受力途径。由此我们认识到传统文化的强力作用，并对我国古代匠师们巧夺天工的能力由衷钦佩。

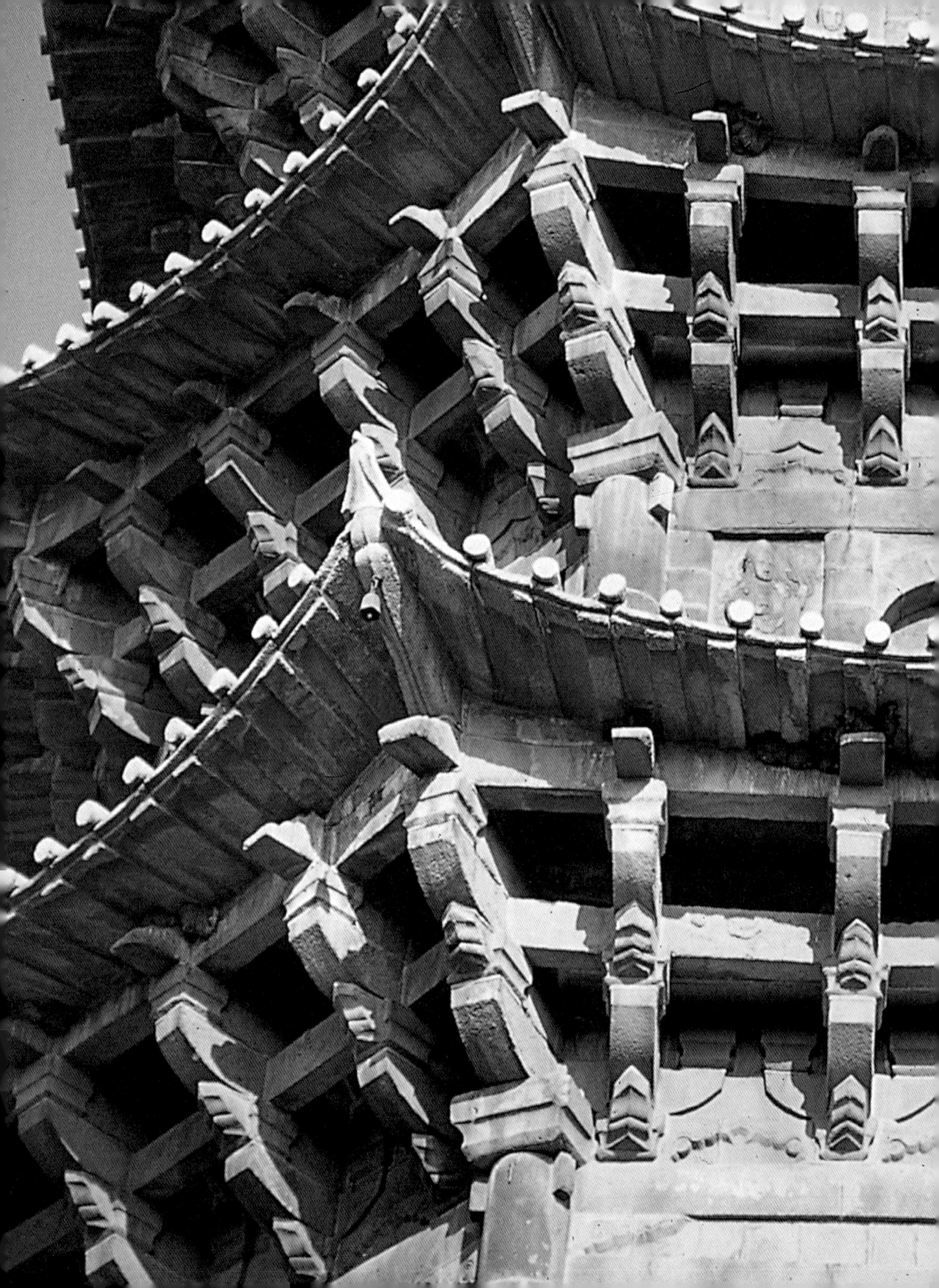

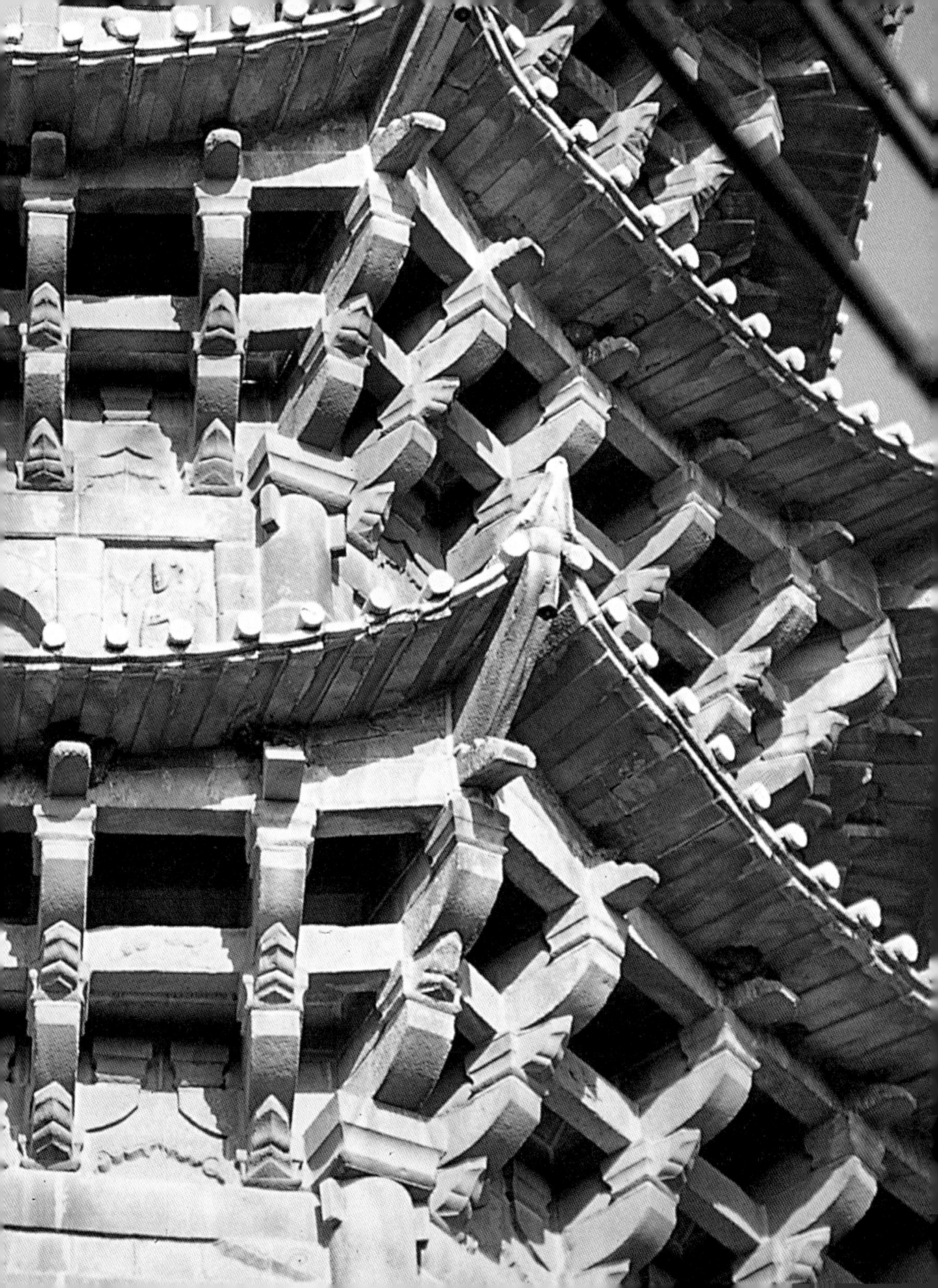

壮的楼阁式塔，与开元寺塔相比，结构和造型均显粗糙，但作为先型无疑为后者奠定了基础。

如考古领域许多方面一样，泉州石塔首先引起外国学者的注意。1926年，德国人G·艾克与厦门大学同事一起来泉州考察。1935年，他发表《刺桐双塔》一书，刺桐是泉州古称。随着中国建筑史研究的深入，更多学者对开元寺塔产生兴趣。然而由于泉州地处偏僻和华南考古学的滞后，双塔研究至今停留在概略阶段。限于篇幅，本书也不能就此进行详尽探讨。

图6-4 塔匾额

东、西塔匾额均由巨石凿成，置于南面门楣之上，其背部与塔壁连成一体。匾额是中国传统文化中颇具特色的现象，由来久远，惜在木构体系中，它们较建筑物更难存留。此处实物的考古价值甚高，而其自身造型的精致典雅似已到无以复加的地步。图为镇国塔匾额。

图6-5 佛像瓦当

在开元寺双塔檐口上多处使用。瓦当是中国古代建筑上十分重要的部件，排水功能以外，图案深含考古价值。各时代各地区都有统一且特定的瓦当图案，在东、西塔上，可看出绝大部分为八瓣花纹，灵活点缀的小佛像则映射出当时工匠的意气风发。

开元寺双塔有几个不同的处理特点。

首先是高度，据近年精确测量，东塔通高48.27米，西塔通高45.06米。3米多的高差绝非无意形成，而出于风水形势的考虑。从双塔在寺院总平面上的位置来看，它们也不是轴线对称，东塔比西塔往南伸出多得多。

其次是雕刻，双塔均表现佛教题材，但显然，东塔的现世性较强，西塔则有浓郁的冥界气息。在东塔五层上，由下往上分刻有神将、罗汉、高僧、菩萨和佛，等级分明。在东塔须弥座壶门中，生动描述佛本生、佛传和经变故事。在西塔五层上，佛菩萨和王公祖师浑然一体，无层次等级差别，表现出极乐世界的众生平等。在西塔须弥座壶门中，人物被完全排除，奇花异草和祥龙瑞凤，呈现超然人间的境界。

最后谈建筑处理，从专业角度看，这是尤其重要的。仁寿塔以前的福建石塔，大多也仿木构形式，但在关键的挑檐部位，都采用了保守的叠涩做法。仁寿塔的突破在于斗栱承托檐口，尽管出挑较少。紧随其后的镇国塔使华栱大大加长，屋檐顿显舒展。

双塔仿木最精彩处就在于斗栱处理，先后差十年，但留下了重大的时代印记。补间铺作，西塔下两层两朵，上三层一朵；东塔全部两朵。为了安置补间铺作两朵，东塔上层的收分比西塔少得多，但依然出现了横栱之间空档不足的情形。聪明的工匠运用了鸳鸯交首栱，一种看似不得已的权宜之计使外观更加丰富。

在哲学层次上，石塔模仿木楼阁而不能表达石结构自身的形式美，难以得到充分的肯定。但中国传统观念的力量太强大了，我们不能苛求工匠。应当承认，在当时条件下，开元寺东西塔的建造者完成了伟大的杰作。

七、宏丽的紫云大殿

泉州开元寺大雄宝殿别称紫云大殿，传说创建时，“有紫云盖地之瑞”。平面为九间九进，俗呼百柱殿，实则内柱部分减去，仅86柱。按古建筑专业术语叙述，殿身面阔七间，进深五间，副阶周匝，南北加深一间，屋顶重檐歇山。柱网面积约1200平方米，在福建现存古迹中，它是规模最大的一座单体建筑。

唐黄滔撰于乾宁四年（897年）的《重建开元寺记》是珍贵史料，有关大殿的记录颇有文采，其中有“佛殿之与经楼、钟楼，一夕飞烬，斯革故鼎新之数也”。大殿于垂拱二年（686年）创建以后，两侧对称建起经、钟二楼。光启二年（886年），王潮率军占据泉州；景福二年（893年）再占福州。统领全闽之际，王潮命缮经三千卷置开元寺经楼。大殿与经、钟二楼被毁当在893年至897年之间。

该文又说，王审邽“割俸三千缗”用于重建。审邽为王潮二弟，时任泉州刺史。“不期年而宝殿涌出。栋隆臼绮，梁修新虹，八表四隅，悉半乎丈，柱盛镜础，方珪丛斗，楣承蟠螭，飞云翼拱，文榱刻桷，镂槅杈枒。或经纬以开织，或丹艧而缬耀。晶若蟾窟，崇如鳌背。风夏触而秋生，僧朝梵而谷应。升者骨冰，观者目波。而五间两厦，昔之制也……东北隅则揭钟楼，其钟也新铸，仍伟旧规；西北隅则揭经楼，双立岳峰，两危履云。东瞰全城，西吞半郭……。”

图7-1 开元寺大殿正面

大殿面阔九间，柱网面积1200平方米，是福建现存古建筑中规模最大的一座。中脊呈明显曲线，是闽南地区性的主要表现，其历史渊源目前尚不明了，很有研究价值。

黄滔的这段记述除文采绚丽外，还颇有考古学的价值。既有大量结构和装饰上的内容，又准确地告诉我们，唐代大殿是面阔五间的单檐歇山。钟、经二楼在其东、西两侧，但位置偏北，与常见的偏南不同。还涉及寺院与城郭的关系，内城外郭，城在寺院东面，郭则被寺院占去一半面积。这对尚在进行的泉州古城研究来说，无疑是有意义的。

唐代大殿的位置，很可能与现状一致。1989年大修中，我们在殿内地下掘出基石多块，其上雕刻的牡丹花图案，颇有唐韵。

图7-2 开元寺大殿侧面

大殿歇山的形象显示较强的古风，但用砖墙封壁，又有浓厚的地区性。闽南另一重镇漳州的古建筑歇山与中国主流做法一致，采用板壁。泉州独树一帜，除了红砖质地特优以外，应当还有其他原因。

图7-3 大殿南副阶

内柱粗壮呈瓜棱形，为宋、元时期做法；外柱细长呈八边形，是明代增构。梁架上的彩画曾被红漆长久覆盖，20世纪80年代大修中发现，依旧样重绘。

图7-4 殿内飞天/后页

其在国内享有盛名。飞天实由铺作中的第一跳华栱雕刻而成，虽变为夺目的装饰部件，但结构作用并未消失。飞天的形象分多种类型，泉州开元寺以外，闽南其他古建筑中也有采用。

寺志载，宋代大殿有过两次修建。“绍圣二年（1095年）僧法殊新之，移千佛像于其中。绍兴二十五年（1155年）乙亥灾，寻建。”我们找不到这两次修建后的具体记录，但分析现状，推测为七间五进的单檐歇山。目前殿身部分如此，其石柱长细比、柱础样式均与南宋双石塔近似，明显异于副阶做法。特别值得注意的是，副阶面阔比殿身尽间面阔大得多，显然为另一时代的结果。再考虑到泉州宋代人口的增加，大殿通面阔由五间扩为七间也势在必行。

元代大殿本身的修建情况史料中未见记载，仅“甃殿前大庭石”而已。元末福建沿海爆发十年战乱，寺庙受灾似特别惨重，开元寺大殿于至正十七年（1357年）毁去。

明洪武二十二年（1389年），僧惠远主持了大殿的重建。明代又有另外三次增建和改造，“永乐戊子（1408年）僧至昌复葺廊庑，增廓露台，庭前左右各浚小池，仍造小浮屠数座翼之。万历二十二年（1594年）檀越率寺众同修。崇祯丁丑（1637年）大参曾公樱、总兵郑公芝龙重建，殿柱悉易以石，壮丽视昔有加矣。”

明代大殿保存至今，虽经后代多次修葺，主体没有改变。分析各部做法，我们推测，洪武重建的大殿为七间五进，副阶周匝，永乐中再使南北檐加深一进。对崇祯时“殿柱悉易以石”的记载，似应理解为将殿中仍为木质的部

图7-5 殿内五方佛

佛像高大庄严，宗教气氛得到有力提升。佛教密宗轻文字，重造像。为了容纳又多又大的泥塑木雕，空间必须增扩，这是我国唐宋时期建筑巨大成就的重要原因之一。

图7-6 戗脊端头的草龙

它是闽南古建筑的另一主要特征。此种造型中如果没有龙头，便为草花。其来源显系古代卷草，但怎样演进至此尚不明了。与北方的仙人走兽相比，差距何止千里?

分柱子改成石质，而非指此前殿柱悉为木质。庭前小石塔都很好地保存下来了，小池则于近代被填平。

今存的泉州开元寺大殿，宏伟壮丽，其木构架的繁华绚烂，在中国古建筑中堪称罕见。殿内佛座上，五尊高大的佛像以外，还有众多的菩萨和神将。建筑与雕塑浑然一体，散发着震慑人心的艺术气息。

八、奇巧的甘露戒坛

戒坛是佛教为信徒受戒举行隆重仪式的场所，与律宗关系密切。宋以后，禅宗一枝独秀，戒坛建筑几近消失。泉州开元寺戒坛可谓硕果仅存。

寺志载，“甘露戒坛在大殿之后。先是唐时，其地常降甘露，僧行昭因浚甘露井。宋天禧三年（1019年）朝例普度，僧始筑戒坛。”甘露井至今尚存于戒坛北檐廊下，佛教认为，甘露是天降的甘味灵液，能驱除烦恼，甚至起死回生。

图8-1 戒坛俯瞰/前页
远处为西塔。屋盖大体分三层，下二层为四坡水，顶层八角攒尖。在福建现存古建筑中，开元寺戒坛以造型丰富而著名。泉州传统中的这一表现在中国建筑史上也是不可轻视的一页。

初创的戒坛似为应付急需的草就建筑，形制不够完善。据载，宋建炎二年（1128年）寺僧敦照主持开元寺，他读《南山图经》，感叹寺内戒坛制度粗陋而不符合古制，便与其徒体瑛、祖机等按照律法的尺度进行改建。《南山图经》又称《南山戒坛图经》，对律宗寺院有图文并茂的论述，作者释道宣曾在终南山创设戒坛，制定受戒仪式，是初唐律宗的创始人。

图8-2 戒坛西南角透视
可见附加的卷棚歇山顶。屋面交接处迫不得已的权宜之计，成就为丰富外形的要素。泉州古代建筑受正统规制束缚较少，工匠们得以在很多地方发挥个人才智。

图8-3 戒坛内斗八藻井/上图

它是建筑空间的精华所在。四边抹角为八边后，十六朵铺作层叠而上，结构高耸别致。泉州人颇以此自豪，俗呼“蜘蛛结网”。藻井下的卢舍那佛，也是密宗造像。

图8-4 戒坛内的飞天/下图

其与开元寺大殿同为二十四尊，其构件位置部分是华栱，部分是绰幕枋。戒坛飞天的尺寸小于大殿飞天，但雕饰更加细腻。飞天下的大石柱表面，留有彩绘松木纹的痕迹。

改建的戒坛存在两个多世纪，元至正十七年（1357年）与寺中其他建筑同时毁去。建文二年（1400年）“僧正映重构，虽壮丽如昔，而制度非复敦照之旧矣。永乐九年（1411年），僧至昌增建四廊。”大约因为戒坛形制被规定得过于烦琐，历代修建的主持人因理解不同而总在改造。此后至今，戒坛未受大灾，现存建筑应当基本保留了永乐时的整体状貌。殿身三间副阶周匝的重檐攒尖，若将副阶撤去，则像一座中型楼阁。

清初戒坛又经过一次较大规模的修建，《重建甘露戒坛碑记》云：“康熙元年壬寅（1662年），鼓山为霖大师说法紫云，为四众开戒。俯仰瞻视，乃谋改作……历岁之功，成于不日。”

戒坛此次“改作”对木构系统有所涉及。

图8-5 戒坛内的石台

石台是建筑的主要内容。“坛分五级”，实就此而言，而非指屋顶层数。戒坛创建于北宋，增扩于南宋。元末毁于火，明清两代重建。今木构部分古迹不存，但石台可能是宋代遗物。

图8-6 甘露井

在戒坛北檐廊下，传说此地古时常降甘露。佛教徒相信，甘露是天降的神水，有特异作用。泉州开元寺内主要建筑多有吉兆附会，如甘露戒坛、紫云大殿，三门则有“石柱生牡丹之瑞”。

开元寺现存木建筑中主要两座即大殿和戒坛，法式分析表明，大殿的木作部分为明代风格，戒坛则未能维持。康熙元年，寺内创建“准提阁”，与戒坛同为重檐攒尖建筑。比较可知，二者木结构主要部分的做法是相同的。

今日戒坛内须弥座式的石坛可能为宋代遗构，这是建筑的中心，平面7.45米见方，四出阶级。卢舍那佛趺坐坛中央莲台上，周围侍立着其他佛、菩萨、神将共二十七尊。坛上还有一座高约2米的石幢，铭文云，康熙二十七年（1688年）从福州涌泉寺请到如来舍利子七颗奉于幢内。

石坛是戒坛建筑中最重要部分，它有浓厚的印度色彩。与印尼婆罗浮屠和柬埔寨吴哥窟这两个深受印度影响的著名古迹相比，我们容易看出形制的类以，它们都是曼茶罗世界的表现。在古印度术语中，曼茶罗意指由正方形围合的理想境界，诸神及其眷属居于其中。

从内外两方面看，戒坛建筑都堪称闽南现存古迹中最富变化者。内部石坛四角各有一根粗大石柱，上承四根净跨7.45米的巨型额枋。这里也有24尊伎乐飞天，但尺度比大殿略小。转角铺作外，补间铺作四朵，支撑起上层的斗八藻井。藻井完全由斗栱叠加而成，构造繁复，泉州人呼为蜘蛛结网。

外观屋顶为三重檐，下二层四坡水，顶转八角攒尖。攒尖南面有一较小的歇山顶，二者以丁字脊相连。屋顶的最下一层曾于20世纪70年代被分为二层，当时有关部门阅读史料，将石坛的“凡五级”误解为屋顶的五层，从而进行了一次荒唐的改造。幸而在二十年后的大修中，谬误被纠正过来，古迹得以复原。

闽南古建筑的特点之一是采用石柱，溯源大约可至初唐。然而石柱在木建筑中的广泛使用似乎很晚，戒坛内石柱表面被漆成木纹的事实说明，人们对裸露的石柱并非一开始就欣然接受。关于这些石柱的使用年代史料中没有明示，但将其表面加工的光度与东西塔作一比较，我们推测不迟于南宋，可能是建炎二年（1128年）遗物。

九、异国情调

与一般汉地佛寺不同的是，泉州开元寺内存有大量印度色彩浓郁的建筑部件。20世纪20年代以来，它们引起海内外学者的注意，研究工作至今仍在进行。

注意的焦点在大殿多处辉绿岩石刻上。北檐明间两根多边形柱表面既刻有印度教神话故事，如昆湿纽骑鸟救象、阎摩那河七女出浴等；又刻有中国式的装饰图案，如双狮戏球、双凤朝阳等。德国人G·艾克曾将此摄影绘图寄印度艺术史家分析，后者认为，二柱当由泉州工匠仿印度柱雕成。南面明间横楣上嵌一块镌“御赐佛像”四字的石匾，下部有截痕，边缘饰卷草，最有西域风味的是字旁一对飞天，

图9-1 大殿北檐外侧的辉绿岩石柱
石柱具有显著的印度风格。柱础成仰覆莲花须弥座状，柱身四方，局部杀为十六边形。自20世纪20年代以来，学术界对此饶有兴趣，但严谨的考证工作至今尚未完成。

图9-2 石柱细部

印度风格石柱的四方形部分凿一圆圈，其内多雕印度古代故事，此为大神厮杀魔王。四方形角部上下所刻莲花值得注意，闽南明清建筑上大量运用的垂莲柱，外观很有相似之处。

图9-3 大殿月台须弥座/上图
也用辉绿岩石凿成，仰复莲花与间柱围起的长方形壶门中，刻有狮身人首状怪物，此幅鬣毛蓬松，应为雄狮。狮身人首像最早出现于古埃及，后在西方世界广泛流传。

图9-4 壶门石刻/下图
相邻壶门中刻绘应为雌狮人首，其发结旋螺，手持拂尘，显示佛教意义。浮雕尺寸不大，但手法相当圆熟。可以肯定这些雕刻品出自元代聚居泉州的印度工匠之手，但原本是否属于开元寺难以断言。

图9-5 “御赐佛像”横匾

亦为辉绿岩凿成，嵌于大殿南面中间门楣之上。护匾的两尊飞天及周边花饰极精美，堪为雕刻上品。图案带印度韵味，但“御赐佛像”四字并非改刻，故不排除原属大殿的可能。

其头顶螺髻，姿态极飘逸。殿前月台须弥座壶门上，相间饰以雄狮和人面狮，后者又分侧身和正面两种，正面的人面狮手持莲花、头顶螺髻，一望而可知为印度式斯芬克斯。

从材料、工艺及图案综合分析，这些部件当属泉州元代遗物，前述印度艺术史家也认为，其风格与锡兰13世纪雕刻接近。

然而这些部件是否原本属于开元寺，有人怀疑。近代泉州发现大量印度式石刻，类似大殿北檐的多边形柱在寺外还有多根。推断元代泉州曾建造过印度教神庙没有太大问题，但开元寺内的石刻真是从被毁的印度教神庙中移来的吗？

20世纪80年代后期，我们承担了开元寺大殿的测绘和考证工作。深入观察后发现，含有印度色彩的木刻部件远远多于石刻，它们未引起注意的原因多半是位于梁架上部难以看见。著名的伎乐飞天共二十四尊，实由华栱装饰而成，它们难道不是印度风格影响的产物?

90年代初，在开元寺戒坛大修中，我们从台基下出土了一批辉绿岩石刻，其中六块呈人首兽身状，印度作风强烈。建筑工程限制了考古学的深入，但土层中所含无数辉绿岩碎片表明，埋藏还很丰富。

图9-6 大殿南檐外侧的石柱

其柱础纹样同样带有印度风味。据此更可推测，元代聚居泉州的印度人曾致力于开元寺的改建。由于这些石柱非辉绿岩，雕刻又较简朴，通常不引起观者注意。

这批用作台基填充料的石刻也来自寺外的印度教神庙遗迹？我们难以相信。

实际情形极可能是，当印度人于元代成群定居泉州时，建造过印度教神庙，同时也对汉人佛寺产生影响。印度是佛教的发源地，印度教是婆罗门教吸收佛教义理后的结果，二者之间关联很难割断。尤其不应忽视的是，在元代泉州，包括印度人在内的色目人具有高于汉人的政治地位，他们完全可能利用这种优势渗透汉人的意识形态。

元代泉州是世界性的大港，海路将它与印度、波斯及欧洲紧密联系。这是一条海上丝绸之路，中西之间商业贸易以外，更有文化艺术的交流。如同汉唐时期在西北陆地丝绸之路上曾经发生过的那样，开放而繁荣的泉州人从西方人手中学到了很多，特别在造型艺术方面。泉州历史古迹可以证明，唐宋时期此地的文化发展大体与中原同步，元代开始形成地区特色。实际上，泉州传统文化中许多特殊内容都可能始于13、14世纪，如繁缛的雕塑、明艳的色彩、红砖、红瓦以及出砖入石的砌筑技术。

图9-7 大殿垂脊/后页
大殿上檐四条垂脊的端部，各有一尊黑陶制成的天神坐像。黑陶未见于古代泉州地区，神像装束异于中国一般情形。20世纪80年代参与大修的老匠师认为，此像为缅甸式样。

图9-8 三门垂脊端部的卷草团花

它散发着浓郁的异国情调。这种在泉州寺庙建筑中有相当多数量使用的装饰，在中国其他地区绝对见不到。地方学者对之视若无睹，当然更不会联想到它与印度艺术的关系。

十、高僧云集

初唐创始以来，泉州开元寺中“高僧异人出世，名不磨灭于兹”。

开山祖师匡护颇具宗教号召力，史载听他讲经的信众常达千人。他宣讲的《弥勒上生经》是佛教弥勒信仰的重要经典。时当女皇武则天掌政之初，佞臣称其为弥勒转世。匡护的弘法显然得到朝廷支持，进而为州治迁移新地铺平道路。

高僧文称，贞元十三年（797年）生于仙游，乾符三年（876年）圆寂。他的主要功绩是创建开元寺东塔。

高僧智亮来自印度，因袒膊不分冬夏，人称“袒膊和尚”。传说他在戴云山隐居时，数月不作火食，又能驯虎、唤雨等。州牧信其神力，改开元寺旧东律庵为东律袒膊院。智亮于大中十二年（858年）年坐逝，门徒泥其肉身祀于殿中。

高僧弘则俗姓林，温陵人，从文称出家。赴西安，咸通三年（862年）在兴善寺受具足戒。后在荐福寺“传总律，师四分”，成为著名的律宗大师。广明中（880—881年）返泉州。乾宁初（894年），应王审邽之请开坛度众。他特别受到王延彬的优礼供养。

高僧宣一俗姓陈，仙游人。在河南嵩山会善寺受具足戒，精研“四分律”以外，亦精于“俱舍论”、“涅槃经”等。他持律谨严，居室仅清水杨枝而已，过午不食，颇受时人推崇。广明初应州牧之请归里为僧正。后王审知在福清置坛，请其受戒逾三千人。

开元寺的早期高僧中，法系密、律二宗外，尚有其他。自唐末始，禅宗渐成主流。

常岌禅师，曾居富阳、南山，因机锋健锐而享盛名。广明间应州牧之请居开元寺法华院，为禅宗第一世。

省僜禅师，俗姓阮，仙游人，出家于开元寺。历游吴楚后，驻锡漳州。五代天成间（926—930年），王延彬置开元寺千佛院请省僜住持。开运初（944年）为北山招庆院住持。显德间（954—959年），为南禅寺住持。宋初太祖赐号真觉。省僜和招庆院僧分别撰写的《诸祖颂》和《祖堂集》流传至今，为禅宗重要典籍。

五代时，泉州开元寺内支院多达一百多区，各有皈宗，沿至两宋，支离而不相属。元至元二十二年（1285年），朝廷命合而为一，赐额“大开元万寿禅寺”，禅宗独尊。

明末，永觉元贤两度驻锡开元寺，为四众说法。元贤为当时著名学者，著述甚多，包括《泉州开元寺志》。他思想宽容，主张佛教各宗融汇，进而吸收儒学，对禅宗的改革与发展有较大贡献。

清初，福清隐元隆琦渡日创立黄檗宗，泉州开元寺僧辅佐甚多。

民国时，泉州开元寺僧远渡南洋弘法，多有建树。著名的弘一大师在闽南传律，多次驻锡开元寺为僧俗讲经，影响极深远。

大事年表

朝代	年号	公元纪年	大事记
唐	武周（唐则天后）垂拱元年	685年	传黄守恭宅园中桑树开莲花，州官以为吉兆，奏准设置道场，赐名莲花。住持僧匡护建尊胜院
	垂拱二年	686年	莲花道场建大雄宝殿，面阔五间，单檐歇山顶。大殿两侧有钟、经楼对峙
	垂拱三年	687年	殿前建三门，开始用石柱
	长寿元年	692年	莲花道场升为兴教寺
	长安四年	704年	唐中宗复辟，改兴教寺为龙兴寺
	开元二十六年	738年	“诏天下诸州各建一寺，以纪年为名。”州官以龙兴寺应诏，改额开元，获赐佛像一尊奉于大殿
	大中年间	847—860年	州牧改旧东律庵为东律袒膊院，僧智亮居之。自此延至五代，寺内兴建支院，接纳众僧
	咸通元年	860年	僧文称在寺之东南创建五级木塔，六年建成，赐名镇国。七年，徐宗仁自西安携佛舍利置塔中
	光启二年	886年	王潮攻占泉州，赠大藏经三千卷置开元寺经楼
	乾宁二年	895年	大殿及钟、经楼“一夕飞烬”
	乾宁四年	897年	王审邽重建大殿及钟、经楼。大殿内尚存的御赐佛像居中，增塑四佛像，僧朝悟持辟支佛舍利来纳像中
五代	梁贞明二年	916年	王审知在寺之西南建木塔七级，材木由福州运来，九个月完工，号无量寿塔

朝代	年号	公元纪年	大事记
宋	端拱初年	988年	寺内支院始由甲乙徒弟院改为十方住持院，蔚然成风
	天禧年间	1017—1021年	筑戒坛，改东塔为十三级
	建炎二年	1128年	僧敦照依《南山图经》改造戒坛
	绍兴十五年	1145年	信女于大殿前建宝箧印经塔一对，今存
	绍兴二十五年	1155年	寺大灾，主体建筑如大殿、三门、东西塔俱毁。人为纵火的可能性极大。大殿、三门不久复建
	淳熙十三年	1186年	僧了性重建东、西塔
	宝庆三年	1227年	东、西塔复灾
	绍定元年	1228年	西塔改为石构五级，嘉熙元年（1237年）完工
	嘉熙二年	1238年	东塔改为石构五级，费十年完工。工期与西塔同，但结构较复杂
元	至元二十二年	1285年	支院一百多区合而为一，赐额“大开元万寿禅寺”。依禅宗丛林的流行规制建法堂、禅堂、祖师堂、伽蓝祠、檀越祠等
	至正十七年	1357年	寺内木建筑俱毁于兵燹
明	洪武二十二年	1389年	始重建寺内木建筑
	天启四年	1624年	筑照壁，今存
	崇祯十年	1637年	修大殿，木柱悉易以石
清	康熙元年	1662年	建准提禅林。大修戒坛
中华民国		1925年	建功德堂，改法堂藏经阁为钢筋混凝土建筑
中华人民共和国		1987—1998年	寺内木构建筑全部落架大修

图书在版编目（CIP）数据

泉州开元寺 / 方拥等撰文 / 方拥摄影. —北京：中国建筑工业出版社，2014.10（2024.6重印）

（中国精致建筑100）

ISBN 978-7-112-17026-5

Ⅰ.①泉… Ⅱ.①方… ②方… Ⅲ.①佛教－寺庙－建筑艺术－泉州市－图集 Ⅳ.①TU-098.3

中国版本图书馆CIP 数据核字（2014）第140616号

责任编辑：董苏华 张惠珍 李 婧 孙立波

技术编辑：李建云 赵子宽

图片编辑：张振光

美术编辑：赵 清 康 羽

书籍设计：瀚清堂·赵 清 周伟伟 康 羽

责任校对：张慧丽 陈晶晶 关 健

图文统筹：廖晓明 孙 梅 骆毓华

责任印制：郭希增 臧红心

材料统筹：方承艺

中国精致建筑100

泉州开元寺

方 拥 杨昌鸣 撰文/方 拥 摄影

中国建筑工业出版社出版、发行（北京西郊百万庄）

各地新华书店、建筑书店经销

南京瀚清堂设计有限公司制版

北京富诚彩色印刷有限公司印刷

开本：889×710 毫米 1/32 印张：3 插页：1 字数：125 千字

2016年9月第一版 2024年6月第二次印刷

定价：**48.00**元

ISBN 978-7-112-17026-5

（24372）